Adolph Erman

Zur Theorie der Sternschnuppen

Adolph Erman

Zur Theorie der Sternschnuppen

ISBN/EAN: 9783743364783

Hergestellt in Europa, USA, Kanada, Australien, Japan

Cover: Foto ©berggeist007 / pixelio.de

Manufactured and distributed by brebook publishing software
(www.brebook.com)

Adolph Erman

Zur Theorie der Sternschnuppen

Zur

Theorie der Sternschnuppen.

Von

A. Erman.

(Separat-Abdruck aus Erman's Archiv Bd. XXV. Heft. 3.)

Berlin, 1867.

Uebersicht der Untersuchungen über die Sternschnuppen.

Von A. Erman.

Indem ich es versuche hier Dasjenige zusammenzustellen, was über die sogenannten Sternschnuppen im Allgemeinen, und über deren periodisch wiederkehrende Erscheinungen im November und im August für erwiesen gelten darf, werde ich die betreffenden Beobachtungen die bis 1837 angestellt und die Resultate zu denen sie verarbeitet worden waren, beziehungsweise bekannt voraussetzen und nur summarisch in Erinnerung bringen.

Nach einer in dem genannten Jahre von Olbers ausgeführten Sichtung des vorliegenden Materiales[1]), stand aber damals fest, dass die als Sternschnuppen und Feuerkugeln bezeichneten Erscheinungen durch unter sich gleichartige Körper verursacht werden, die aus dem Weltraum in die Erdatmosphäre oder in bis dahin bezweifelte Fortsetzungen derselben, in denen sie leuchtend werden, eintreten — und dass ferner dieser Eintritt und der darauf meistens beobachtete Vor-

---

[1]) Olbers über die Sternschnuppen — in Schumachers astronöm. Jahrbuch für 1837. S. 37 ff.

1

übergang vor der Erde, in Abständen erfolgen die man von
etwa 6 bis zu 40 geographischen Meilen gemessen hatte und
mit Geschwindigkeiten, welche denen der Planeten in ihren
Bahnen um die Sonne gleich kommen. Es war somit nicht
zu bezweifeln dass, wenn nicht alle, doch die meisten dieser
Körper, bis zu ihrem Sichtbarwerden, mit den bisher ausschliefslich als Planeten und Cometen bezeichneten Gestirnen
unseres Sonnensystemes wesentlich identisch, und namentlich
von ihnen nur allein durch weit kleinere Dimensionen unterschieden sind. Die besondere Häufigkeit von glänzenden
Sternschnuppen in den Jahren 1799, 1831, 1832, 1833 und
1834 zu nahe gleichbenannten Jahreszeiten und namentlich
zwischen etwa November 11. 20ʰ,6 Pariser Zeit im ersten
und November 13. 21ʰ,5 Pariser Zeit im letztgenannten Jahre,
hatte auch schon damals bewiesen dass die Erdbahn, bei etwa
50°,75 heliocentrischer Länge (vom Nachtgleichenpunkt für
1800), von einer ungeheuren Zahl einander sehr nahe gleicher
und ringförmig zusammengehäufter Bahnen jener kleinen Asteroïden durchschnitten wird.

Die genannten Resultate über die Geschwindigkeiten der
Sternschnuppen und über ihre jedesmaligen Abstände von der
Erde sind bekanntlich von Deutschen Forschern, unter denen
vor Allem Brandes zu nennen ist, durch vorher verabredete
Beobachtungen ihrer scheinbaren Bahnen am Himmel, an
zweien in angemessener Entfernung von einander gelegenen
Punkten gewonnen worden. Die geringe Dauer der Sichtbarkeit einer Sternschnuppe und mithin auch des Zeitraumes
der zu einer jeden solchen Beobachtung zu Gebote steht,
haben die directe Vergleichung der zu bestimmenden Punkte
mit den gleichzeitig sichtbaren Sternen, durch Eintragung der
gesehenen Bahn in eine Himmelskarte, bei weitem als das
beste Mittel zu ihrer Festlegung erscheinen lassen. Die Vor-
züge dieses Mittels vor den, in neuerer Zeit und von
verschiedenen Seiten vorgeschlagenen, nachträglichen
Messungen von Höhe und Azimut des Anfangs- und Endpunktes dieser Bahn sind äusserst einleuchtend. Solche Mes-

sungen würden nämlich, selbst in dem günstigsten Falle in dem man, eben nur mit Hülfe benachbarter Sterne, die Lage zweier Punkte am Himmel, während der Dauer von zweien Einstellungen und vier Ablesungen eines Winkelinstrumentes und von drei Ablesungen einer Uhr, völlig scharf im Gedächtniss behalten hätte, durchaus nichts Besseres liefern als die directe Vergleichung mit den Sternen. Eine so widersinnige Neuerung verdiente daher kaum der Erwähnung, wenn sie nicht leider theils zu unnützen Bemühungen, theils sogar zu unzuverlässigen Angaben veranlasst hätte.

Von förderndstem Einfluss auf die in Rede stehende Angelegenheit war dagegen Bessels, im Jahre 1839 erschienene, Abhandlung über dieselbe [1]. Seiner Absicht mit vervollkommneten Hülfsmitteln ein neues System von correspondirenden Sternschnuppen-Beobachtungen zur Ausführung zu bringen, ist zwar noch bis jetzt — nach 27 Jahren — nicht genügt. Man hat aber alle bis dahin bekannt gewordene und mehrere erst seitdem veröffentlichte Reihen von Beobachtungen, der vollendeteren Untersuchung die den Gegenstand jener Abhandlung ausmacht, unterworfen und es sind dadurch das Gewicht der bisherigen Folgerungen bedeutend erhöht und neue theils gewonnen theils wahrscheinlich gemacht und der ferneren Prüfung dringend empfohlen worden.

Die Bahn einer Sternschnuppe gegen einen in bekannter Bewegung befindlichen Punkt der Erde, war bisher aus den Wegen an der Himmelskugel die sie für die Beobachter an zweien gegebenen Orten beschrieben hatte, unter der Voraussetzung berechnet worden: dass sie einem Jeden derselben beim Beginne ihrer Lichtentwicklung erschienen, und bei ihrem Verlöschen verschwunden sei. Bessel ersetzte diese Annahme durch die allgemeinere, dass die zwei Wahrnehmungen des Aufleuchtens und die zwei des Verlöschens zu vier verschiedenen Zeiten erfolgten.

Nach der älteren Annahme war daher die Möglichkeit

---

[1] Ueber Sternschnuppen in den Astronom. Nachrichten Nr. 380.

jedes ferneren Schlusses an die Bedingung gebunden, dass
das Paar von Gesichtslinien zum Anfang der zwei scheinbaren Bahnen und das zu deren Ende, ein jedes für sich, eines
Durchschnittes fähig seien und dass sich mithin jene zwei
Linien in einerlei Ebene durch die Standlinie, an der Himmelskugel aber, beziehungsweise die zwei Anfangsorte und die
zwei Endorte, auf einerlei gröfstem Kreise mit demjenigen
Punkte befanden, in den sich im Augenblick der Beobachtung der eine der beiden Standpunkte von dem anderen aus
projizirte. — Die in praktischen Fällen kaum jemals ausbleibenden Abweichungen von diesen geometrischen Bedingungen,
wurden dann entweder als ein Beweis gegen das Zusammengehören der zwei, nur zufällig gleichzeitigen, Erscheinungen und daher zur Verhütung grundloser Schlüsse benutzt,
oder aber, wenn ihre Gröfse dem nicht widersprach, vollständig den Beobachtungsfehlern zugeschrieben. Als zwei
Punkte der Sternschnuppenbahn hatte man in diesem Falle
die Mitten der kleinsten Abstände beider Paare von Gesichtslinien anzusehen und dieses Resultat war in der That, unter
der Voraussetzung gleichzeitiger Wahrnehmungen, das
von zufälligen Fehlern möglichst befreite und daher wahrscheinlichste der vorliegenden Beobachtungen. Die allgemeinere Voraussetzung hat dagegen die relative Bahn, in
sofern sie als geradlinig angenommen werden darf, für identisch mit dem Durchschnitt derjenigen zwei Ebenen zu erklären, von denen eine jede die eine der scheinbaren oder
coelestischen Bahnen und den Standpunkt ihres Beobachters
enthält und es ist deingemäfs auch die Lage dieses Durchschnittes, welche die Rechnungsvorschriften der Besselschen
Abhandlung, zugleich mit den zwei Stücken desselben liefern,
die der fragliche Körper während seiner Sichtbarkeit an den
beiden Standpunkten durchlaufen haben soll. Die erhaltenen
Resultate entsprechen den unmittelbaren Beobachtungen vollständig, sind aber eben deshalb auch in vollem Mafse mit dem
Einfluss ihrer Fehler behaftet. Eine Angabe über den jedesmaligen Betrag dieses Einflusses war dadurch zwar nicht

nothwendiger als schon für das frühere Verfahren, vielleicht
aber noch einleuchtender geworden, und so hat dann auch die
in Rede stehende Abhandlung durch bequeme Ausdrücke für
die Wirkung jener Fehler auf jedes der berechneten Elemente,
das Mittel zu vollendeten Untersuchungen. über die Sternschnuppen geliefert.

Die Behandlung der vorliegenden Aufgabe aus dem all-
gemeinsten Gesichtspunkt den sie zulässt, ist dagegen in zweien
anderen Beziehungen in wesentlichem Nachtheil gegen die
spezielle Annahme gegen die sie Zweifel erhoben hat, geblieben. Zunächst weil die Resultate der letzteren von der
zufälligen Lage der gesuchten Bahn gegen die Standlinie
durchaus unabhängig waren, während Bessels Betrachtung und
die Rechnungsvorschriften welche sie darbietet, ganz unan-
wendbar werden, wenn beide genannte Linien in einerlei
Ebene fallen und um so unzuverlässigere Resultate liefern, je
mehr sich dieselben einer solchen Lage nähern. Sodann aber
weil das neue Verfahren, bis auf sehr seltene und zufällige
Ausnahmen, der von dem früheren dargebotenen Entscheidung
über die Zusammengehörigkeit der Beobachtungen entbehrt.
Unter Zulassung ungleichzeitiger Wahrnehmungen erhält man
nämlich auch aus zwei nicht zusammengehörigen scheinbaren
Bahnen, den erwähnten Durchschnitt, für dessen Verwerflichkeit dann, aufser der etwa zufällig und in seltenen Fällen eintretenden Lage unter den Horizonten der Beobachter, keinerlei
Anzeige vorhanden ist.

Von der vervollkommneten Untersuchung wäre es demnach als ein erster und sehr wichtiger Erfolg zu betrachten,
wenn sie für das Anfangen und Enden der Sternschnuppen
die hinlängliche Gleichzeitigkeit ihrer Wahrnehmung an verschiedenen Standpunkten nachgewiesen hätte. Man würde dann zu der früher gebräuchlichen
Ableitung der relativen Bahnen, nach Ergänzung derselben
durch die Angabe der Fehlereinflüsse, zurückkehren können,
da diese nun keinem Einwurf mehr ausgesetzt, in allen Fällen
anwendbar und gegen die eben erwähnten Missbräuche völlig

geschützt wäre. Die hiernächst anzuführenden Resultate scheinen mir nun den zu diesem Zwecke nöthigen Beweis zu enthalten.

Aus Bessels Untersuchung von 48 durch Brandes gelieferten correspondirenden Beobachtungen von Sternschnuppen[1]) ergiebt sich für den wahrscheinlichsten Werth der Veränderung die man an jedem der zwei beobachteten Orte des Endes einer scheinbaren Bahn anzubringen hat um sie mit der Voraussetzung der Gleichzeitigkeit vereinbar zu machen:

$2^0,050$ nach den direkt bestimmten Werthen dieser Veränderung,

$2^0,052$ nach den Quadraten derselben.

Ich finde aber ferner für 28 unter den Sternschnuppen-Bahnen, an deren Bestimmung ich Theil genommen habe und von denen 5 in Potsdam und in Berlin im Jahre 1825, die übrigen in Breslau und in Berlin im August 1837 und 1839 beobachtet worden sind[2]), die wahrscheinlichen Werthe der zur Herstellung der Gleichzeitigkeit anzubringenden Veränderungen an die Orte der Anfänge:

$1^0,996$ nach den direkt bestimmten Werthen dieser Veränderungen,

$2^0,035$ nach den Quadraten derselben,

und an die Verschwindungspunkte:

$2^0,482$ nach den direkt bestimmten Werthen,

$2^0,449$ nach den Quadraten derselben,

sowie auch überhaupt an die 56 beobachteten Paare von correspondirenden Orten:

$2^0,239$ nach den direkt bestimmten Werthen,

$2^0,251$ nach den Quadraten derselben.

---

[1]) Bessel über Sternschnuppen. Astron. Nachr. Nr. 380. S. 331 u. 332.

[2]) Vgl. in Astron. Nachr. Nr. 404. S. 315 ff. und Nr. 434. S. 25 ff., wo unter f und f' die Werthe der erforderten Verschiebungen der Anfangs- und der Endpunkte der einzelnen Paare von scheinbaren Bahnen einzeln angegeben sind.

Die nahe Uebereinstimmung der wahrscheinlichsten
Beträge, welche sich aus den direkt erhaltenen Werthen und
aus deren Quadraten ergeben, beweist zunächst dass die Anzahl der beobachteten Fälle zur Begründung von Schlüssen
auf die Natur ihrer Ursache nicht zu gering ist. Sodann erscheint aber die am häufigsten vorgekommene Gröfse der
Abweichungen die den Anschein von Ungleichzeitigkeit der Wahrnehmungen hervorbrachten, nicht eben
gröfser als die zufälligen Fehler denen die Angaben,
bei der Unvollkommenheit der bisher zu ihrer Erlangung
verwendbaren Hülfsmittel, ausgesetzt waren und welche
einerseits aus meist eiliger Schätzung der Verhältnisse zwischen den Abständen der zu bestimmenden Orte von verschiedenen Sternen entsprangen und andererseits aus der Ermitte-
lung derselben mit Hülfe von Sternkarten, die durch unge-
eignete Projectionsart und durch die Unvollständigkeit ihres
Netzes, die Eintragung und die Entnahme eines Ortes in
gleichem Mafse erschwerten. Es galt dieses namentlich von
den Bode'schen Planigloben, deren wir uns bei den Berliner Beobachtungen ausschliefslich bedient haben. — Endlich
ist es nicht zu bezweifeln, dass, wenn wirklich das Anfangen
und das Aufhören einer Sternschnuppe an den beiden Enden
einer Standlinie, zu wesentlich verschiedenen Zeiten wahrgenommen würde, der Unterschied derselben mit der Länge
dieser Linie wachsen müsste, durch welche jede gedenkbare
Verschiedenheit in dem optischen Verhalten des Phaenomenes
zu beiden Beobachtern vermehrt wird. Im Widerspruch
hiermit finden sich aber nun die Werthe die man auf Ungleichzeitigkeit der Wahrnehmung deuten könnte, theils um
etwas geringer, theils nur um Unbeträchtliches stärker
für unsere neueren Beobachtungen wie für die älteren von
Brandes, während die angewendeten Standlinien im Durchschnitt, und mit Rücksicht auf die Zahl ihrer Anwen-
dungen:
33,16 geographische Meilen für die zuerst genannten

und nur
20,63 geographische Meilen für die anderen betragen
hat [1]).

Die Fälle in denen das ein e Paar der angegebenen
scheinbaren Orte einer Sternschnuppe von dem durch die
Gleichzeitigkeit verlangten gröfsten Kreise beträchtlich mehr
als den eben bestimmten wahrscheinlichsten Werth und
namentlich bis zu 8° abwich, sind in den vorliegenden Beobachtungsreihen so selten vorgekommen, dass man sie ebenfalls einem gröfseren und eben deshalb weit seltener begangenen Irrthum bei der Schätzung der Lage jener Orte gegen
die Sterne und bei der Messung der ihr entsprechenden Co-
ordinaten zuschreiben kann, während endlich wenn zur Reduction auf die Gleichzeitigkeit noch extremere Veränderungen
der beobachteten Werthe, namentlich aber deren Anbringung
an beide Enden der scheinbaren Bahnen erfordert werden,
gerade hierauf ein Zweifel an der Beziehung derselben auf
einerlei Körper zu begründen ist. Von vier anscheinend correspondirenden Sternschnuppen-Beobachtungen, die wir am
14. November 1836 in Berlin und in Breslau erhalten hatten[2])
kann für drei, der Bedingung der Gleichzeitigkeit nur durch
so starke Veränderungen (von 8° bis zu 18°) genügt werden,
dass ich aus diesem Grunde die Bahnen zu denen ihre Be-
rechnung führt, für verwerflich und deren an sich ganz plau-
sible Beschaffenheit, nur für zufällig halte. In diesen drei

---

[1]) Wenn nämlich für das zu einem Resultate verbundene System von
  Beobachtungen mit b die Länge einer Standlinie, mit m die Zahl
  der Beobachtungspaare welche sie geliefert hat und daher mit:
  $\frac{\Sigma m b}{\Sigma m}$ einer der hier angegebenen Werthe bezeichnet werden, so
  sind für die von mir bekannt gemachten Beobachtungen
  $$b \text{ nacheinander} = 39{,}626 \text{ und } 3{,}428$$
  bei m - $= 46$ und 10,
  für die Brandes'schen aber die 10 Verbindungen des b und des m
  aus Bessels Abhandlung in Astron. Nachrichten Nr. 380 S. 330, 331
  zu entnehmen.

[2]) Vgl. Astron. Nachrichten Nr. 404. S. 317 und 318.

Fällen müsste dann aber auch die Ungleichzeitigkeit der Wahrnehmung so weit gegangen sein, dass der bewegte Körper auf einem ersten Stücke seines Weges nur an dem einen Orte sichtbar gewesen, auf einem zweiten Stücke beiden Beobachtern verschwunden, und auf dem dritten Stücke nur an dem anderen Orte erschienen wäre. Bei der vorstehenden Untersuchung sind sowohl die zu diesen äusserst unwahrscheinlichen Annahmen nöthigenden scheinbaren Orte, als auch zwei sich ähnlich verhaltende unter den 15 Beobachtungspaaren von August 10. 1839 ausgeschlossen worden.

Die richtige Verwendung der 83 correspondirenden Angaben über Sternschnuppenbahnen, die sich in den vorgenannten Abhandlungen befinden, hat aber auch bereits die allgemeinen Ansichten über die fraglichen Körper in zwei wesentlichen Punkten berichtigt und erweitert, die hier nach einander zu betrachten sind. Ein von ausserhalb der Erde kommender Körper kann in Folge der Schwere nur eine gegen dieselbe concave Bahn beschreiben und demnach vor der Erreichung seiner Erdnähe durchaus nur fallende Bewegungen, auch jenseits dieses Punktes aber nur so schwach steigende besitzen, dass deren rückwärts verlängerte Richtung noch über den Punkt seiner kleinsten Höhe vorbeiführe, um so weniger aber die Erdoberfläche irgendwo erreiche. Das angebliche Aufsteigen vieler Sternschnuppen war daher schon längst für einen mit der Theorie nur schwer zu vereinigenden Umstand erklärt worden. Nur wenn man dasselbe schwach genug gefunden hätte, um der zuletzt genannten Bedingung nicht zu widerstreiten, würde es sich durch die Annahme erklären lassen, dass der betreffende Körper mehr als die Hälfte seines Weges durch die Atmosphäre unsichtbar beschrieben hätte und erst in dem folgenden Theile desselben leuchtend geworden wäre. In den weit häufigeren Fällen wo die Steilheit des angeblichen Steigens nicht einmal diese sehr unwahrscheinliche Erklärung zuliefs, blieb aber nur die Voraussetzung übrig, dass eine der Schwere entgegenwirkende Kraft den zum Erdmittelpunkt gerichteten Theil der

Geschwindigkeit des bewegten Körpers nicht blofs aufgehoben, sondern ihn auch in sein Entgegengesetztes umgewandelt habe. Man hatte zu diesem Ende theils ein Zurückprallen der Sternschnuppen von den höchsten Schichten der Atmosphäre die sie durchschneiden und die sie dabei aufs äusserste comprimiren sollten, angenommen, ohne die Möglichkeit eines solchen Erfolges zu beweisen, theils chemische Zersetzungen und Veränderungen des Aggregatzustandes in der bewegten Masse, die an Entwicklung von lebendiger Kraft alle bekannten Hergänge derselben Art weit übertroffen haben müssten. Es ist daher ein bedeutender Fortschritt der Theorie dass die in Rede stehenden Rechnungen, an 83 Sternschnuppen nur entweder und meistens fallende Bewegungen, oder ein Aufsteigen nur in soweit ergeben haben, dass es durch die Annahme von sehr geringen und daher wahrscheinlichen Beobachtungsfehlern, ebenfalls in ein Fallen übergeht. Auch eine Sternschnuppe die Brandes und Benzenberg, nach ihren schon 1798 auf einer sehr kurzen Standlinie ausgeführten correspondirenden Beobachtungen, für unleugbar aufsteigend gehalten hatten, verliert, nach Bessels Untersuchung, diese Eigenschaft durch die Voraussetzung, dass die angegebenen scheinbaren Orte mit Fehlern von nicht ganz einem Grade behaftet seien [1]). In einigen Fällen in denen die gröfseren und der Erde näheren Meteore die man als Feuerkugeln zu bezeichnen pflegt, meist gleichzeitig eine Theilung ihrer Masse und eine plötzliche Aenderung ihrer scheinbaren Bewegung, in eine anscheinend aufsteigende gezeigt haben, könnte diese immerhin wirklich eingetreten und dann durch Gasentwickelungen zu erklären sein. Es ist aber an ihnen in den betreffenden Augenblicken noch niemals eine mit der der gewöhnlichen Sternschnuppen vergleichbare Geschwindigkeit nachgewiesen worden.

Die Lichtentwickelung ohne welche uns die Existenz der Sternschnuppen bis auf das verhältnissmäfsig seltene Vorkom-

---

[1]) Astron. Nachrichten Nr. 380. S. 345.

men ihres Herabfallens als Meteorsteine — gänzlich unbekannt
geblieben sein würde, ist zugleich eine ihrer räthselhaftesten
und folgenreichsten Eigenschaften. Ein von der Erde unab-
hängiges Selbstleuchten derselben, welches etwa mit dem der
Cometen zu vergleichen wäre, ist deswegen kaum annehmbar,
weil es das nie fehlende Beginnen und Aufhören ihrer Sichtbarkeit innerhalb eines kleinen, und nahe an der Erde gelegenen, Bahnstückes unerklärt lassen würde. Es ist daher
kaum zu bezweifeln, dass das fragliche Licht von einer bis
zum Glühen steigenden Temperaturerhöhung herrührt, welche
durch die Reibung und die Compression die die bewegten
Körper in der Erdatmosphäre erfahren und ausüben, veranlasst, und wohl meistens auch, während ihrer Berührung mit
derselben, durch Oxydation ihrer dazu geeigneten Bestandtheile noch unterstützt wird. Die Messung der gröfsten Abstände von der Erdoberfläche in denen sich Sternschnuppen
gezeigt haben, liefert eben deshalb einen unverwerflichen Auf-
schluss über die Ausdehnung die wir der Atmosphäre zum
mindesten beizulegen haben — und es ist dieses Resultat
um so wichtiger da man ein ähnliches bekanntlich aus dem
Drucke den die uns umgebenden Luftschichten ausüben und
aus den beobachteten Wirkungen der gesammten Atmosphäre
auf die Lichtstrahlen, nur durch die Voraussetzung von
Wärmeverhältnissen die sich jeder Anschauung entziehen, erhalten kann.

Die neueren Beobachtungen und Rechnungen über Sternschnuppenbahnen haben nun endlich auch in dieser wichtigen
Beziehung sehr Beachtenswerthes geleistet, indem sie die
Höhe der leuchtenden Körper nicht nur häufig und ganz un-
zweifelhafter Weise zu 40 bis 45 geographischen Meilen, sondern auch in einigen hier näher zu betrachtenden Fällen, noch
viel bedeutender ergeben haben.

Wenn mit f der kleinste Werth der Verbesserung be-
zeichnet wird, durch welche die beobachteten scheinbaren
Orte des Anfanges oder des Endes einer Sternschnuppe der
Bedingung der Gleichzeitigkeit genügend gemacht werden und

durch ε der in Graden gemessene Fehler den man von jedem
der beiden Beobachter in derjenigen Richtung begangen voraussetzt, in der er das Resultat am stärksten verändert, so
haben sich z. B. ergeben für die von uns am 10. August 1839
in Berlin und in Breslau beobachtete und unter Nr. 50
aufgeführte Sternschnuppe [1]:

bei $f = 1°,4$ die Höhe des Anfangs zu: $73,5 \pm 5,7\varepsilon$. geogr. M.

und

bei $f = 3°,9$ - - - Endes - $66,0 \pm 5,0\varepsilon$ -

mithin eine mittlere Höhe die wohl im äussersten Falle nicht
unter 55 geogr. Meilen betragen haben kann, wahrscheinlich
aber ihrem direkt gefundenen Werthe von 69,7 geogr. Meilen
weit näher gewesen ist als diesem Minimum ihrer annehmbaren Werthe [2]. Bei der Beurtheilung dieses sowohl als der
folgenden Resultate hat man sich zu erinnern dass ein kleiner
oder auch nur ein mäfsiger Betrag der zugehörigen zwei
Werthe von f, den Verdacht einer Verbindung von nicht
zusammengehörigen Beobachtungen und mithin den
einzig möglichen Einwurf gegen die Zulässigkeit dieser Resultate so gut als vollständig beseitigt. Wenn nämlich von
dem Punkte des Himmels an dem dem einen Beobachter das
andere Ende der Standlinie beim Anfang oder beim Ende eines
Phaenomenes erscheint, ein gröfster Kreis nach den Ort desselben gelegt wird, so hat der zweite Beobachter das von
ihm für identisch gehaltene höchst nahe um den Bogen f von
diesem Kreise abstehend gesehen. Da aber eine gleichzeitige
und nicht identische Erscheinung gleich gut an allen bis
zu 90° von demselben Kreise abstehenden Punkten der Himmelskugel vorkommen könnte, so hat das zufällige Eintreten
eines Abstandes von bestimmter Kleinheit einen äusserst ge-

---

[1] Astron. Nachrichten Nr. 434. S. 27 und 28.

[2] Es ist hier noch zu bemerken, dass die angegebenen Coëfficienten
von ε nur für verschwindend kleine Werthe dieser Gröfse streng
anwendbar — für etwas beträchtlichere aber meist in einem Grade
zu grofs sind, den die hiernächst aufgeführten Resultate veran-
schaulichen.

ringen Grad von Wahrscheinlichkeit, die zufällige Wiederholung desselben Verhaltens für die Gränzen zweier nicht zusammengehörigen Bahnen, aber in der That nur einen der Unmöglichkeit gleich zu achtenden. Für zwei gleichfalls in Berlin und in Breslau am 10. August 1837 beobachtete und unter Nr. 24 und Nr. 10 von uns aufgeführte Sternschnuppen [1]) habe ich die ähnlichen Resultate die sie liefern durch eine noch vollständigere Rechnung untersucht und nun erhalten für den Anfang von Nr. 24:

	und mit ε:	die Höhe:
$f = 0°28'$	$0°$	141,2 geogr. M.
	2,5	98,9 -
	5,0	78,4 -
	7,5	64,3 -

und für das Ende von Nr. 24:

	und mit ε:	die Höhe:
$f = 0°47'$	$0°$	103,5 geogr. M.
	2,5	75,5 -
	5,0	60,6 -
	7,5	55,5 -

Es sind auch hier unter ε die kleinsten Werthe der Correctionen verzeichnet, durch deren Anbringung man die nebenstehenden Resultate unter Voraussetzung ungleichzeitiger Wahrnehmungen erhält. Wird dagegen die dem Obigen nach durchaus zulässige Gleichzeitigkeit des Erscheinens und Verschwindens der Sternschnuppen an beiden Standpunkten angenommen, so ergeben sich diese Minima der Correctionen in allen Fällen gröfser als die unter ε genannten Werthe, in dem gegenwärtigen Falle aber namentlich in dem Verhältniss von 1,026 : 1. — Um das direkte Resultat von 122,3 geogr. Meilen für die mittlere Höhe dieses Körpers auf respektive 87,2 oder 69,5 geogr. M. herabzusetzen, müsste man also zugeben dass, bei ungleichzeitiger Wahrnehmung, jeder der

---

[1]) Astron. Nachrichten Nr. 404. S. 317 und 318.

beiden Beobachter die scheinbaren Orte der Sternschnuppe
um 2°,5 oder um 5°,0 gerade in demjenigen Sinne falsch angegeben hätte, in dem der begangene Fehler am stärksten
zur Verkleinerung der Höhe wirkte. — In dem weit wahr-
scheinlicheren Falle der Gleichzeitigkeit der Beobachtung, werden aber die genannten Herabsetzungen der Höhe nur durch
Correctionen bewirkt, welche die zusammengehörigen in Breslau und in Berlin beobachteten Orte um respektive 5° 7',8
und 10° 15',6 des sie verbindenden gröfsten Kreises von einander entfernen. Ich habe die mit $s = 7°,5$ folgenden Resultate, denen eine gegenseitige Verrückung der zusammengehörigen Orte um 15° 23',4 entspricht, nur hinzugefügt um
die schnelle Abnahme des Einflusses von successiven Fehler-
zuwächsen zu zeigen, muss aber noch bemerken dass die
Kleinheit der zwei mit f bezeichneten Werthe, ausser der
schon erwähnten Beseitigung jedes Zweifels an der Zusammengehörigkeit der Beobachtungen, auch noch deren Behat-
tung mit gröfseren Fehlern äusserst unwahrscheinlich macht.
Es wäre in der That eine kaum annehmbare Wirkung des
Zufalls wenn vier Mal die begangenen Fehler in der gegen
die scheinbaren Bahnen ganz zufälligen Richtung der
parallaktischen Verschiebung, weit gröfser gewesen wären als
in der darauf senkrechten, nach der ihre Beträge unter f
genannt sind. Wenn man dennoch mit $s = 3°$ die ersteren
zu 3°,08 und mithin nahe fünf Mal gröfser als die letzteren
annimmt, so ergiebt sich die mittlere Höhe der Sternschnuppe
zu 82,4 geogr. Meilen und es scheint demnach erwiesen dass
dieselbe nicht blofs am wahrscheinlichsten 122,3 geogr. Meilen
sondern auch im äussersten Falle mehr als 80 geogr. Meilen
betragen habe.

Eine gleiche Behandlung der unter Nr. 10 aufgeführten
Beobachtungen einer Sternschnuppe von 1837 Aug. 10. ergiebt
für den Anfang   und mit s die Höhe
$$f = 0° 30'   0°   293,1 \text{ geogr. M. }^{[1]}$$

---

[1]) In den Astron. Nachr. Nr. 404 S. 317 und 318 hat H. Petersen

$$2,5 \qquad 153,5 \text{ geogr. M.}$$
$$5,0 \qquad 94,9 \qquad -$$

sowie für das Ende: und mit ε: die Höhe:
$$f = 0^{\circ}\,5' \qquad\quad 0^{\circ} \qquad 105,5 \qquad -$$
$$2,5 \qquad 71,7 \qquad -$$
$$5,0 \qquad 55,3 \qquad -$$

Die ε sind hier wenn die Beobachtungen gleichzeitig vorausgesetzt werden, beziehungsweise für den Anfang und für das Ende der Erscheinung, um 0,062 und 0,044 ihres Betrages zu vermehren. Es sind in diesem Falle größere und z. B. in der Richtung der parallaktischen Ortsunterschiede mehr als 3° betragende Beobachtungsfehler nicht blofs, wie in den bisher betrachteten, wegen der ausserordentlichen Kleinheit der Werthe von f höchst unwahrscheinlich, sondern auch noch wegen der besonderen Lage beider scheinbaren Bahnen. Diese Sternschnuppe, die in Berlin als klein bezeichnet und in Breslau mit einem Stern vierter Größe verglichen wurde, erschien nämlich an beiden Orten zu hellen Sternen in Beziehungen die kaum verwechselt werden konnten, durch Fehler von der genannten Art aber völlig aufgehoben worden wären. In der That würde durch Annahme von dergleichen, bei der Berliner Angabe: dass der Anfang an einem von ε Delphini aus, um nahe $\frac{1}{4}$ des Bogens nach γ Aquilae abstehenden Punkt, das Ende aber sehr nahe bei ϑ Antinoi gelegen habe, der erstere ganz ausserhalb des genannten Bogens versetzt und der letztere die Beziehung zu einem auffallenderen Sterne gänzlich verlieren, zugleich aber für die in Breslau beobachtete Bahn: die von einem von α Aquilae und γ Aquilae gleich weit abstehenden Punkte nach einen zwischen δ Antinoi und ϑ Serpentis gelegenen reichte, die Verwechselung derselben mit einer für das blofse Auge sehr sternenarme Linie

---

diese Höhe zu 260 Meilen angegeben, in Folge eines Irrthums welcher aber auf die übrigen Resultate seiner Rechnung ohne Wirkung geblieben ist.

zugegeben. Es ist hiernach für kaum möglich zu erklären, dass
die Höhe dieses Körpers um die Mitte des sichtbaren Theiles
seiner Bahn weniger als 100 geogr. Meilen betragen habe.
Bei den von Brandes zwischen August und October
1823 angestellten correspondirenden Beobachtungen konnte,
wegen der geringen Länge der angewandten Standlinien, die
Bestimmung gröfserer Höhen nur weit seltener gelingen. Von
zwei Paaren derselben sagt aber Bessel[1]): „die Nrn. 27 und 55
zeigen so geringe Einwirkungen der Parallaxe, dass sie sich
mit den Beobachtungsfehlern vermischen; man kann daraus
nur auf grofse Entfernungen schliefsen, ohne sie näher bestimmen zu können". Nach den vorliegenden Beobachtungen
bezieht sich diese Aeusserung auf die unmöglichen Resultate
welche dieselben, wenn man sie ganz fehlerfrei voraussetzt,
für den Anfang der ersten und für den Anfang und das Ende
der zweiten dieser Erscheinungen liefern. Die erstere (Nr. 27)
ist an den Enden einer nur 3,007 geogr. Meilen langen Standlinie (Breslau und Trebnitz) gesehen worden und in Folge
dieses Umstandes erhält dann auch das Resultat für die an-
fängliche Höhe schon durch Annahme gegenseitiger Verschiebungen in der mehrerwähnten parallaktischen Ebene,
deren Summe nur 0°,49 betragen hätte, anstatt des unmöglichen einen möglichen Werth, der dann ferner und successiv
bis zu nur 14,5 geogr. Meilen hinabsinkt, während man dieselbe Fehlersumme bis zu 4°,0 wachsen lässt. Da nun die
direkten Beobachtungen des Endes dieser Erscheinung eine
Parallaxe von etwa 4° 35' und in Folge davon die sogar auf-
fallend kleine Höhe von nur 3,6 geogr. Meilen ergeben, so
lässt sich die mittlere Höhe der fraglichen Bahn durch nicht
unwahrscheinliche Fehlerannahmen auf einen sehr gewöhnlichen Werth zurückführen.

Ganz anders verhält es sich aber mit den unter Nr. 55
aufgeführten scheinbaren Bahnen, die an zweien um 10,688
geogr. Meilen von einander entfernten Punkten (Mirkau und

[1]) Astron. Nachrichten Nr. 380. S. 344.

Neisse) verzeichnet wurden und zu folgenden Resultaten, die ich hier ebenso wie die vorhergehenden zusammenstelle, führen.

Die Beobachtungen unter Nr. 55 von October 8. 1823 geben:

für den Anfang:	und mit s:	die Höhe:
$f = 0° 52' 0$	0°,0	unbestimmt
	2,5	159,4 geogr. M.
	5,0	60,4 -
und für das Ende:	und mit s:	die Höhe:
$f = 1° 17' 0$	0°,0	unbestimmt
	2,5	84,1 geogr. M.
	5,0	43,2 -

Die (unter Annahme der Gleichzeitigkeit) erforderten Verschiebungen auf den parallaktischen Kreisen betragen hier, für den Anfang und für das Ende respektive das 1,17 und das 1,09 fache der s und es ist daher auch für diese Sternschnuppe eine Herabsetzung der mittleren Höhe bis zu 80 Meilen sehr unwahrscheinlich, weil sie Veränderungen der gegenseitigen Lage der beobachteten Orte um 9° 20' für den Anfang und 8° 43' für das Ende der Erscheinung erfordert.

Als Minima der noch annehmbaren Höhen haben sich also ergeben:

		welche erschienen in:	
für die Sternschnuppen		Berlin	Breslau
55 geogr. M.	Nr. 50. von Aug. 10. 1839	1. Gr. mit Spur	1. Gr.
80 -	- 24. - Aug. 10. 1837	1. -	—
80 -	- 55. - Oct. 8. 1823	—	. —
100 -	- 10. - Aug. 10. 1837	klein	4. Gr.

Es ist demnach nicht zu bezweifeln dass sich das Leuchten der Sternschnuppen zum Mindesten noch bei 100 geogr. Meilen über der Erdoberfläche ereignet und jede theoretische Untersuchung über die Atmosphäre hätte nun, um annehmbar zu erscheinen, die Ausdehnung derselben bis zu dieser, wahrscheinlich aber auch bis zu noch weit gröfseren Höhen, nachzuweisen.

2 *

Nachdem Chladni und Brandes, nach Erfahrungen in
den Jahren 1815 und 1823, eine ungewöhnliche Häufigkeit
der Sternschnuppen um den 10. August eines jeden Jahres
für wahrscheinlich erklärt hatten, wurde diese Thatsache von
1836 bis 1839 durch unsere mehrerwähnten Berliner Beobachtungen und durch die gleichzeitig von Boguslawski in
Breslau angeordneten, vollkommen bestätigt. ·Erst in dem
letzteren Jahre bemerkte ich aber dass bei weitem die meisten
der von uns am 9., am 10. und am 11. August verzeichneten
scheinbaren Sternschnuppenbahnen gegen einerlei Punkt des
Himmels, den wir ihren Convergenzpunkt nannten, gerichtet waren, oder — was dasselbe sagt — dass sie sich,
rückwärts verlängert, in dem diesem Punkte diametral entgegengesetzten, den man jetzt ihren Radiationspunkt zu
nennen pflegt, durchschnitten. Unter 162 von uns beobachteten Sternschnuppen befolgten 146 diese Regel, während nur
die 16 übrigen sich nach so zufälligen Richtungen wie die an
anderen Jahrestagen bisher ausschliefslich bemerkten zu bewegen schienen. Der bei $\frac{1}{10}$ dieser Beobachtungen vorgekommene Anschein, kann nun einem an der Bewegung der
Erde theilnehmenden Auge, von willkürlich im Raume vertheilten Körpern nur dann dargeboten werden, wenn dieselben sämmtlich:

    1) sich parallel unter einander,

und

    2) mit gleicher Geschwindigkeit bewegen.

Von dieser allgemeinen Aussage war der Spezialfall dass
die genannte Geschwindigkeit verschwindend oder die betreffenden Körper in Ruhe gewesen seien, nicht blofs als eine
unerhörte und ungedenkbare Ausnahme von dem Gravitations-
gesetze ausgeschlossen, sondern auch weil in diesem Falle der
Convergenzpunkt, demjenigen Punkte des Himmels nach
dem sich das Auge des Beobachters bewegte, diametral entgegengesetzt sein musste, während nach unserer Erfahrung
an dem Zutreffen solcher Opposition ein Bogen von etwa 34°
fehlte.

In den übrigen, nun allein noch annehmbaren, Fällen kann aber aus der Richtung der relativen Bahnen, welche dem zu dem Convergenspunkte gehenden Radius der Himmelskugel parallel ist, auf die Richtung und Geschwindigkeit der wahren Bewegung der betreffenden Asteroiden dann und nur dann geschlossen werden, wenn ihre relative Geschwindigkeit und daher auch das Verhältniss derselben zu der bekannten Geschwindigkeit des Auges ermittelt ist.

Ich habe diese Umstände und deren besondere Anwendung auf die von uns verzeichneten Bahnen, zuerst in einem im October 1839 erschienenen Aufsatz etwa folgendermafsen entwickelt [1]).

Die nach einjährigen Zwischenzeiten erfolgende Wiederholung der genannten Erscheinung veranlasste zunächst zu der Annahme eines Systemes von einander nahe gelegenen, geschlossenen Bahnen um die Sonne, welches mit der Bahn der Erde die von dieser um den 10. August erreichten Punkte gemein hat und in denen sich entweder, mit beliebiger Umlaufszeit, eine so grofse Anzahl von Körpern hinter einander bewegen, dass sie in ihrer Gesammtheit einen nahe gleichförmig besetzten Ring ausmachen, oder aber nur ein Haufen von dergleichen Körpern, für den dann entweder die Umlaufszeit selbst oder ein ganzes Vielfache derselben, genau einem siderischen Jahre gleich sein müsste. Durch die Unveränderlichkeit des Convergenzpunktes, die sich nach unseren Beobachtungen zum mindesten von August 9. $10^a,4$ bis August 11. $12^u,2$ Berliner mittlere Zeit innerhalb der Fehlergränzen seiner Bestimmung erhielt, wurde ferner bewiesen, dass sich die Erde zum mindesten ebenso lange in einem Strome von gleichartig und mithin in nahe einerlei Bahnen um die Sonne, bewegten Körpern befunden habe und dass daher der in der Ekliptik gelegene Durchschnitt des Ringes oder Haufens der August-Asteroiden mehr als 728000 geogr. Meilen

---

[1]) Ueber die Sternschnuppen der Augustperiode, nach Beobachtungen derselben im Jahre 1839 in Astron. Nachr. Nr. 385.

oder nahe 7,5 Durchmesser der Sonnenkugel einnehme. Ueber
die Bahnen dieser Körper stand sodann nur fest, dass eine
jede, so wie alle zu unserem Sonnensystem gehörigen Bahnen,
in einer durch den Schwerpunkt dieses Systemes gehenden
Ebene liege und dass daher die Ebene der Erdbahn von ihnen
ein zweites Mal in Punkten durchschnitten werde, welche von
der Sonne aus, den um den 10. August von der Erde ein-
genommenen Orten gegenüber stehen. Die fernere Bestimmung dieser Bahnen und die der Zeiten in denen bestimmte
Stücke derselben durchlaufen werden, bildete aber eine in der
Astronomie noch nicht vorgekommene Aufgabe. Von allen bisher in Betrachtung gezogenen Himmelskörpern hatte man die
scheinbaren Orte beliebig oft, und nach Zwischenzeiten bestimmen können, für die theils, wie bei den Planeten und bei
gewissen Cometen, eine ganz unbegränzte Auswahl frei stand,
theils doch, wie bei den übrigen Cometen, eine innerhalb ge-
gebener Gränzen beliebige. Unter den August-Asteroiden
wird dagegen jeder einzelne Körper nur während der verschwindend kleinen Dauer einer Sternschnuppenerscheinung
wahrgenommen, ohne dass es möglich sei ihn jemals, weder
nach einer beliebigen Zeit, an einer anderen Stelle seiner
Bahn noch einmal zu sehen, noch auch ihn, nach Vollendung
einer ganzen Anzahl von Umläufen, an derselben Stelle wieder zu erkennen. — Dieser Mangel des wesentlichsten Er-
fordernisses zur Bestimmung des Gesetzes nach dem die Orts-
veränderungen eines bestimmten Weltkörpers erfolgen, wird
nun aber für die periodischen Sternschnuppen durch zwei
ihnen eigenthümliche Umstände so reichlich ersetzt, dass sich
die sonst unlösbare Aufgabe, lösbar und zugleich sehr einfach
gestaltet. Ich meine 1) durch die Kenntniss des Abstandes
von der Sonne in der sich ein solcher Körper während seiner
einmaligen Beobachtung befindet und welche man bis auf zu
vernachlässigende Unterschiede, dem gleichzeitigen Abstand
der Erde von der Sonne gleichsetzen darf, und 2) durch sein
Zusammenvorkommen mit einer grofsen Zahl von Körpern die
sich mit ihm in gleichem Abstande von der Sonne und in

Bahnen bewegen, die mit der seinigen gleich gestaltet sind.
Durch diesen zweiten Umstand wird — wie schon ange-
deutet — die Richtung derjenigen relativen Bewegung,
die sich aus der gesuchten absoluten des fraglichen Körpers
und aus der bekannten Bewegung des Auges zusammensetzt,
eine unmittelbar anschauliche, indem sie mit der Richtung
zu dem Convergenzpunkte identisch ist. Nimmt man
aber dann an dass die Trennung der zwei zuletzt genannten Bewegungen gelungen und eben dadurch zugleich der
Punkt des Himmels gegen den ein äusserst kleines Bahnstück
gerichtet ist und die in diesem Stücke stattfindende Geschwindigkeit des fraglichen Körpers bekannt geworden seien, so
liefert die Verbindung dieser Angaben mit der unter 1) erwähnten Länge des zugehörigen Radius-Vector, eine vollständige Lösung des Problemes. Der Gang derselben gestaltet
sich etwa wie folgt.

Man nehme vorläufig an dass während der Sichtbarkeit
der Asteroiden die Annäherung an die Erde nur einen zu
vernachlässigenden Einfluss auf ihre normale Bewegung um
die Sonne geübt habe, so werden nun namentlich die grofse
Axe ihrer Bahnen und ihre Umlaufszeit durch den Umstand bekannt sein, dass wenn, so wie in dem vorliegenden
Falle, die Masse eines bewegten Körpers gegen die Sonnen-
masse verschwindend klein ist — jene Axe mit den zu einerlei
Punkt gehörigen Werthen der Geschwindigkeit und des
Abstandes von der Sonne, in einer Beziehung steht, nach
der die eine dieser Gröfsen aus den beiden anderen berechnet
werden kann, und dass auch überall in unserem Sonnensysteme
die nach siderischen Jahren gemessene Umlaufszeit, der
Quadratwurzel aus dem Cubus derjenigen Zahl gleich ist,
welche die Halfte der grofsen Axe in Erdbahnhalbmessern
ausdrückt.

Der zwischen dem Richtungspunkte der wahren Bewegung und dem gleichzeitigen Orte der Sonne gelegene Bogen
der Himmelskugel, misst sodann ferner für einen Punkt der
fraglichen Bahn - Ellipse den an ihm stattfindenden Winkel

zwischen der Tangente und dem seiner Länge nach bekannten
Radius-Vector und ergiebt somit die Excentricität der zu
bestimmenden Bahn, so wie auch ausserdem die wahre Anomalie oder den heliocentrischen Winkelabstand des bewegten
Körpers von ihrem Perihel an eben jenem Punkte, welcher
noch ausserdem den einen seiner zwei Knoten oder Durchgänge durch die Ebene der Erdbahn bezeichnet.
Auch die Neigung der Bahnebene dieser Asteroiden
gegen die Ekliptik folgt aber dann endlich aus der Lage der
zwei Punkte der Himmelskugel, nach denen ihre wahre Bewegung und die Bewegung der Erde gerichtet sind, wenn
man zu ihnen noch den gleichzeitigen Ort der Sonne hinzu-
nimmt.
Für jeden beobachteten Körper des in Rede stehenden
Systemes könnten somit die wahre Lage im Raume sowohl
wie die scheinbare am Himmel zu allen folgenden Zeiten,
nach denselben Vorschriften wie für alle eigentlichen Planeten
berechnet werden, sobald nur einmal und für irgend einen
dieser Körper um den 10. August die relative Geschwindigkeit gemessen worden wäre. Es ergiebt sich dann in der
That die wahre Bewegung in dem beobachteten Stücke
einer Asteroidenbahn, die wir hier bekannt vorausgesetzt haben, aus der entsprechenden relativen dadurch, dass allge-
mein die linearen Darstellungen dieser beiden Bewegungen
mit der gegebenen Bewegung des Auges zu einem Dreieck
verbunden sind, in welchem ausser einer Seite, auch der
Winkel bekannt ist den dieselbe mit einer der zu verglei-
chenden einschliefst. Es sind aber namentlich: dieser Winkel,
das Supplement des beobachteten zwischen dem Convergenzpunkte und dem Richtungspunkte der Bewegung des
Auges und die ihn einschliefsenden Seiten die Geschwindigkeit des Auges und die relative Geschwindigkeit einer Sternschnuppe.
Zur Ableitung der wesentlichen Resultate aus den beobachteten Gröfsen ergeben sich demnach folgende Vorschriften.

Wenn man an der Himmelskugel für die Zeit und den Ort
der Beobachtung bezeichnet, mit:

S den Ort der Sonne,

E den Richtungspunkt der Bahnbewegung der Erde,

E_i - - der Bewegung des Auges,

C - - der relativen Bewegung der Asteroiden,

C_i - - - absoluten - - -

so dass sich die vier ersten aus vorhandenen Daten, der fünfte
aber aus denselben und der nach C gerichteten relativen
Geschwindigkeit nach bekannten Regeln ergeben und
demnächst setzt:

$$CE_i = u \qquad C_iS = \vartheta$$
$$C_iE = u_i \qquad ES = \Theta$$

und versteht unter:

v_i und v die relative und die absolute Geschwindigkeit
der Asteroiden, in Theilen der gleichzeitigen Bahngeschwindigkeit der Erde,

c die ebenso gemessene, aus der letzteren und aus der weit
kleineren Rotationsgeschwindigkeit des Beobachtungsortes zusammengesetzte Geschwindigkeit des Auges,

a, e und p die halbe grofse Axe, die Excentricität und den
halben Parameter der gesuchten Bahn,

ω deren Neigung gegen die Ekliptik,

ψ und r den Winkelabstand vom Perihel oder die wahre
Anomalie und den Radius-Vector während des beobachteten Durchgangs durch die Ekliptik,

r_i den (zur wahren Anomalie $180° + \psi$ gehörigen) Radius-
Vector für den zweiten Durchgang durch dieselbe,

T und t die Dauer eines ganzen Umlaufes und die Zwi-
schenzeit zwischen dem beobachteten Durchgang durch
die Ekliptik und dem zweiten Durchgang durch dieselbe,

so ergeben sich nacheinander:

$$v = \sqrt{v_i{}^2 + c^2 + 2v_i\,c \cdot \cos u} \qquad (1)$$

$$a = \frac{r}{2 - (2-r)\cdot v^2} \qquad (2)$$

$$p = a(1-e^2) = \frac{r.(2a-r)}{a}.\sin^2 \vartheta \qquad (3)$$

$$\cos\psi = \frac{p-r}{re} \qquad (4)$$

$$r_i = \frac{pr}{2r-p} \qquad (5)$$

$$\cos\omega = \frac{\cos u_i - \cos\vartheta.\cos\Theta}{\sin\vartheta.\sin\Theta} \qquad (6)$$

und mit:

$$\lg\frac{E}{2} = \sqrt{\frac{1-e}{1+e}}.\lg\frac{\psi}{2} \quad\Big|\quad \lg\frac{E'}{2} = -\sqrt{\frac{1-e}{1+e}}.\operatorname{clg}\frac{\psi}{2}$$

wenn E und E' in Graden ausgedrückt und mit π
das Verhältniss der Peripherie zum Durchmesser des $\qquad (7)$
Kreises bezeichnet werden:

$$t = \frac{T}{\pi}\left\{\frac{E'-E}{2}.\sin 1^0 - e.\cos\frac{E'+E}{2}.\sin\frac{E'-E}{2}\right\}$$

Wir durften auch für die Berliner Beobachtungen von
1839 die jetzt reichlich verwirklichte Auffindung von correspondirenden unter den in Breslau verzeichneten Bahnen,
und daher die Bestimmung der von den fraglichen Körpern während ihrer Sichtbarkeit zurückgelegten relativen Wege erwarten.
Um aus diesen auf die relative Geschwindigkeit (v') zu
schliefsen, musste dann nur noch die Dauer der betreffenden
Erscheinungen bekannt sein. Ueber diese hatten wir aber
endlich zu erklären, dass es uns in Berlin nicht gelungen sei
„sie mit einer auch nur erträglichen Genauigkeit zu bestimmen". In der Hoffnung dass correspondirende Beobachtungen
bei einer späteren Erscheinung der August-Asteroiden mit der
Messung solcher Dauern verbunden und dadurch auf direktem
Wege eine vollständige Kenntniss ihrer Bahnen erlangt werden würde, verwies ich doch einstweilen auf bemerkenswerthe
Gränzwerthe welche für dieselben bereits vorlagen.
Die Anschauung des oben erwähnten Dreiecks welches
die drei bei einer Sternschnuppenerscheinung in Betracht kom-

menden Geschwindigkeiten darstellt und die aus demselben folgende Beziehung unter (1) zeigen übereinstimmend, dass es in jedem besonderen Falle ein zu:

$$v_i = - c \cdot \cos u$$

gehöriges und durch:

$$v = c \cdot \sin u$$

ausgedrücktes Minimum der absoluten Geschwindigkeit des beobachteten Körpers giebt. Die Verwirklichung desselben ist freilich nur möglich wenn u ein stumpfer Winkel ist d. h. wenn der Convergenzpunkt der scheinbaren Bahnen um mehr als einen Quadranten von dem Punkte des Himmels absteht, nach dem sich das Auge des Beobachters bewegt, während in den übrigen Fällen schon durch:

$$v \gtrless c$$

eine Gränze der wahren Geschwindigkeit gegeben wird. Unsere Beobachtungen der August-Asteroiden genügten aber für dieselben der zuerst genannten Bedingung, indem sie nach der obigen Bezeichnung, für die Punkte

	Länge [1]	Breite
S	137° 1',4	0° 0'
E	47° 27',4	0° 0'
E,	47° 59',0	− 0° 10'
C	236° 56',4	−32° 36'

und daher

$$CE_i = u = 146° 9',6$$

nachgewiesen hatten. Mit:

$$c = 1,00072$$

folgte somit aus ihnen, durch die gleichzeitige Bahngeschwindigkeit der Erde gemessen:

$$v = 0,55724$$

als kleinster Werth der absoluten Geschwindigkeit in den beobachteten Bahnstücken [2].

----

[1] Vom Nachtgleichenpunkt für 1800, von dem auch die hiernächst genannten Längen an gezählt sind.

[2] Man hat diese und die übrigen auf dieselbe Einheit bezogenen

Eine Maximum-Gränze für dieselbe Gröfse ist aber
insofern gegeben, als man durch das wiederholte Zusammentreffen der Erde mit den August-Asteroiden an einerlei Stelle
der Ekliptik, die Geschlossenheit der fraglichen Bahn für erwiesen hält. Der bei einem gegebenen r zugleich mit der
grofsen Axe des beschriebenen Kegelschnittes wachsende
Werth von v, kann dann nicht gröfser sein als der zu:

$$a = \infty$$

d. h. zu der parabolischen Gestalt ihrer Bahn gehörige

$$v = \sqrt{\frac{2}{2-r}}$$

welcher sich für die August-Asteroiden in der genannten
Einheit zu

$$v = 1,42365$$

findet.

Für diese Gränzwerthe und für einige anderweitig bemerkenswerthe, gestaltet sich die Bewegung der in Rede stehenden Körper nach folgenden Angaben. Ich habe dabei als
Geschwindigkeiten die Anzahl der in einer Sekunde mittlerer Zeit durchlaufenen geogr. Meilen angegeben, den
Entfernungen und Zeiten aber beziehungsweise den mittleren
Erdbahnhalbmesser zu 20666800 geogr. Meilen und den mittleren Tag als Einheiten zu Grunde gelegt. Auch ist noch zu
bemerken, dass der bisher beobachtete Durchgang der
August-Asteroiden durch die Ekliptik, von der Nordhälfte des
Himmels in die Südhälfte stattfindet und dass daher dessen
Ort als der absteigende Knoten und der ihres zweiten
Durchganges als der aufsteigende Knoten ihrer Bahn zu
bezeichnen sind.

Werthe mit: 4,1075 zu multipliziren um die entsprechenden Sekunden-Geschwindigkeiten in geographischen Meilen zu erhalten.

Für die August-Asteroiden ergeben sich:

	I.	II.	III.	IV.	V.	VI.
mit: relative Geschwindigkeit für August 10,5	3,4142	4,6205	6,8245	7,0830	7,3805	8,7950
absolute Geschwindigkeit für August 10,5	2,2888	2,5873	4,1074	4,3241	4,5795	5,8474
Geschwindigkeit im Perihel .	12,9643	11,7346	5,2311	5,0987	5,0172	5,8859
Abstand von der Sonne im Perihel .	0,17564	0,22944	0,77527	0,81632	0,90236	0,97004
Abstand von der Sonne im aufsteigenden Knoten	0,17586	0,23031	0,89328	0,98728	1,42250	22,7574
Dauer des Umlaufes	169,048	182,628	365,256	394,945	547,885	∞
Dauer des Uebergangs vom absteigenden zum aufsteigenden Knoten.	92,020	98,198	231,410	253,500	365,542	∞ ¹)
Neigung der Bahn.	55° 25'	83° 42'	112° 50'	114° 48'	116° 48'	123° 50'
Wahre Anomalie für August 10,5	175° 27'	171° 59'	106° 15'	93° 18'	57° 20'	23° 50'

¹) Bei parabolischer Bewegung würde der Durchgang der einzelnen Körper durch ihr Perihel: 16,896 Tage vor August 10,5 und 3157,71 Tage nach ihrem aufsteigenden Durchgang durch die Ekliptik, der letztere also 3174,61 Tage oder 8,6914 sider. Jahre vor ihrem Erscheinen im August erfolgt sein.

Es ergiebt sich aus dieser Zusammenstellung zunächst und für alle möglichen Fälle eine sehr starke Neigung der fraglichen Bahnen gegen die Ekliptik. Der Winkel der sie ausdrückt ist hier so gezählt dass seine Oeffnung nach der Seite von welcher die Erde herkommt gerichtet ist. Die grofsen Werthe desselben beweisen daher dass die Bewegung der August-Asteroiden aus einem gegen die Ekliptik senkrechten weit überwiegenden Theile, ausserdem aber, je nachdem jene Werthe so wie unter I. und II. kleiner als 90° oder sowie in allen übrigen Fällen gröfser als 90° sind, aus einem mit der Bewegung der Erde gleich gerichteten oder ihr entgegengesetzten Theile bestehen. Unter den bisher beachteten Körpern unseres Sonnensystems haben bekanntlich nur Kometen eine mit dieser Bewegung vergleichbare gezeigt, während für alle Planeten der in der Ekliptik gelegene Theil ihrer Geschwindigkeiten sowohl mit denen der Erde gleichgerichtet ist, als auch über ihre zur Ekliptik senkrechte Zerlegung bei weitem überwiegt. —

Es folgt ferner dass die Erklärung der August-Erscheinungen durch einen einzelnen Haufen von Asteroïden, nur allein mit den zwei unter II. und unter III. verfolgten Voraussetzungen über die relativen Geschwindigkeiten zusammen bestehen kann, denn die zu diesen gehörigen Umlaufszeiten von einem halben und von einem vollen siderischen Jahre, sind die einzigen welche für einerlei Körper, ein jährliches Zusammentreffen mit der Erde möglich machen, nachdem sich das Minimum für die Dauer eines Umlaufes desselben zu 169,05 Tage, das ist gröfser als $\frac{1}{5}$ Jahr und daher als alle Werthe von $\frac{1}{n}$ Jahr ergeben hat, wenn n eine ganze Zahl die gröfser als 2 ist bedeutet. Die an sich sehr unwahrscheinliche Annahme einer scharfen Gültigkeit der Werthe unter II. oder III. würde aber nun auch vollständig widerlegt und eben dadurch eine nahe gleichförmige Besetzung des fraglichen Bahnsystemes mit erglühbaren Körpern bewiesen sein, sobald sich etwa ihr zweiter Durchgang durch die

Ekliptik in irgend einer Weise auf der Erde zu erkennen gäbe.
Es könnte dieses nämlich überhaupt nur durch eine Conjunction derselben mit der Sonne geschehen, bei der sie
entweder sehr nahe an der Erdbahn, ein zweites Mal als
Sternschnuppen erschienen, oder aber aus gröfserem Abstande
von der Erde die zu ihr gerichteten Sonnenstralen theilweis
interceptirten. Da nun aber der betreffende Durchgang in
jedem Falle bei nahe an 137° 1′ heliocentrischer Länge, d. h.
auf in der Ekliptik gelegenen Linien geschieht, welche
die Erde zwischen Februar 6. und 7. und in den dieses Moment umgebenden zwei Tagen erreicht, so würde er die Conjunction eines einzelnen Asteroiden-Haufen mit der Sonne
nur dann bewirken, wenn er an eben jenem Jahrestage ein-
träte, keineswegs aber wenn er entweder, so wie unter II.,
schon 98,2 Tage nach August 10,5, d. i. um November 16,6,
oder so wie unter II. erst 231,1 Tage nach August 10,5, d. i.
März 30. oder 31. erfolgt.

Das Vorhandensein eines continuirlichen Ringes von
August-Asteroiden bedingt dagegen als unabweisbare und von
der Umlaufszeit dieser Körper ganz unabhängige Folge, dass
sich Theile desselben in jedem Jahre während eines um Februar 6. bis 7. gelegenen, mindestens zweitägigen Zeitraumes,
auf den gleichzeitigen Vectoren der Erde befinden. Die unter
IV. verfolgte Voraussetzung (von 7,0830 geogr. Meilen relative
Sekundengeschwindigkeit der Auguststernschnuppen) verlegt
diese Theile sehr nahe an die Erdbahn und bei ihrem Zutreffen müsste daher an den genannten Jahrestagen eine, mit
der um August 10,5 eintretenden übereinstimmende, Sternschnuppenerscheinung erfolgen — während alle zwischen 3,414
und 7,083 geogr. Meilen enthaltenen Werthe der relativen
Geschwindigkeit der Auguststernschnuppen, für die um Februar 6. bis 7. gelegene Jahreszeit einen Vorübergang der
sie bewirkenden Körper vor der Sonne bedingen, alle zwischen 7,083 und 8,795 geogr. Meilen gelegenen Werthe der
erstgenannten Gröfse aber nur deren Opposition mit der Sonne,

in Abständen von der Erde aus denen eine Wahrnehmbarkeit
derselben in keiner Weise zu erwarten scheint.
Ehe wir das Verhalten dieser Grundlagen einer Theorie
der August-Asteroiden, zu späteren Erfahrungen über dieselben
in Betrachtung ziehen, mögen hier noch die den ersteren entsprechenden Resultate für das oben erwähnte Körpersystem
genannt werden, welches die periodische Wiederkehr von
zahlreichen und glänzenden Sternschnuppen bei der von der
Erde um November 13. erreichten heliocentrischen Länge von
50°,75 (vom Nachtgleichenpunkt für 1800) veranlasst. Auch
diese Körper die wir die November-Asteroiden nennen wol-
len, haben bei allen ihren Erscheinungen die Anwendbarkeit
aller vorstehenden Folgerungen dadurch bewiesen dass ihre
scheinbaren Bahnen gegen einen gemeinsamen Convergenzpunkt gerichtet waren. Ich habe denselben hier nach den
Angaben der Amerikanischen Beobachter für 1833 und die
nächstgelegenen Jahre, dem Sterne γ leonis nahe diametral
entgegengesetzt angenommen. Nach der obigen Bezeichnung
ergeben sich daher für die bei den Novemberphaenomenen in
Betracht kommenden Punkte etwa:

	Länge	Breite
S	230° 36'	0° 0'
E	141° 16'	0° 0'
C	326° 51'	−8° 48'

und somit wenn der veränderliche und sehr kleine Einfluss
der Rotationsgeschwindigkeit des Beobachtungsortes vernach-
lässigt, das heisst $E = E_{\prime}$ und $c = 1$ gesetzt werden:

$$u = 169° \, 35'.$$

Auch für diese Asteroiden giebt es also bei ihrem Durchgang durch den absteigenden Knoten ihrer Bahn um November 13,5 ein Minimum der absoluten Geschwindigkeit,
welches mit der zugehörigen relativen in Theilen der gleichzeitigen Bahngeschwindigkeit der Erde, respektive:

und

$$v_{\prime} = - \cos u = 0,98352$$

$$v = \sin u = 0,18080$$

betragen [1]).

Als ein Maximum dem die absolute Geschwindigkeit (v) derselben Körper um November 13,5 sich unbegränzt nähern kann ohne es vollständig zu erreichen, ergiebt sich, so lange man durch ihre jährliche Wiederkehr die Geschlossenheit ihrer Bahn für erwiesen hält:

$$v = 1,40643$$

und es folgen hiermit, wenn wieder die Geschwindigkeiten durch die Zahl der in 1 Sekunde mittlerer Zeit durchlaufenen geogr. Meilen, die Entfernungen in mittleren Erdbahnhalbmessern und die Zeiten in mittleren Sonnentagen ausgedrückt werden:

---

[1]) Aus diesen und aus der folgenden auf dieselbe Einheit bezogenen Angaben erhält man durch Multiplication mit: 4,16054 die Anzahl der in 1 Sekunde mittlerer Zeit durchlaufenen geograph. Meilen.

3

für die November-Asteroiden:

	A.	B.	C.
mit relativer Geschwindigkeit um November 13,5	4,0919	8,1838	9,8950
die absolute	0,7523	4,1605	5,8516
- - im Perihel	52,6937	5,0422	7,3098
Abstand von der Sonne im Perihel	0,01205	0,79947	0,98148
- - in aufsteigenden Knoten	0,12049	0,93228	130,371
Dauer des Umlaufes	130,212	365,2564	∞
Dauer des Uebergangs vom absteigenden zum aufsteigenden Knoten	89,692	188,435	∞ ')
Neigung der Bahn	77° 21'	162° 10'	164° 21'
Wahre Anomalie für November 13,5	179° 3'	98° 27'	10° 2'

') Der Durchgang durch das Perihel tritt ein: 7,348 Tage vor November 13,5 und 42204,5 Tage nach dem Durchgang durch den aufsteigenden Knoten also der Durchgang durch den absteigenden Knoten nach dem Durchgang durch den aufsteigenden Knoten um 42211,8 Tage oder 111,568 sider. Jahre.

Die Neigung der Bahn ist in der oben genannten Weise
gezählt und es zeigt sich daher dass auch für diese Körper
der mit der Ekliptik parallele Theil ihrer Geschwindigkeit
nur sehr klein sein kann, wenn er mit der der Erde einerlei
Richtung hat, aber sehr beträchtlich im entgegengesetzten
Falle, in dem ihre Bahn zu den sogenannten rückläufigen ge-
hört. Der kleinste Werth der Umlaufszeit (unter A.) beträgt
auch für die November-Asteroiden mehr als $\frac{1}{4}$ Jahr und es
könnten daher, wenn sie einen begränzten Haufen bildeten,
ihre jährlichen Coïncidenzen mit der Erde nur durch eine
genau halbjährige oder genau einjährige Dauer ihres
Umlaufes bewirkt werden. Ich habe hier nur die mit der
letzteren zusammenbestehenden Bewegungsumstände unter B
angeführt, von denen zunächst zu beachten ist, dass im Falle
eines einzelnen Haufens sein Durchgang durch den aufsteigenden Knoten (bei 230°,75 heliocentrischer Länge vom
Nachtgleichenpunkt für 1800) beträchtlich später als der der
Erde durch denselben Radius-Vector erfolgen würde, nämlich
der erstere nahe an: Mai 20,9, der andere schon um Mai 12,2.
Dass der Unterschied dieser Durchgangszeiten entgegengesetzt aber noch bei weitem stärker wird, wenn man einem
solchen einzelnen Haufen eine halbjährige Umlaufszeit bei-
legt, ergiebt sich ohne weitere Rechnung durch Vergleichung
der unter A. und B. aufgeführten Zahlen.

Die Annahme einer mehr oder weniger gleichmässigen
Vertheilung der Novemberasteroiden über die Gesammtheit ihrer Bahnen, involvirt dagegen mit Nothwendigkeit für
die um Mai 12. gelegenen Tage, an denen die Sonnenlänge
nahe an 50°,75 und die heliocentrische Länge der Erde nahe
an 230°,75 (vom Nachtgleichenpunkt für 1800) betragen, das
Vorhandensein von Körpern dieses Systemes auf einer von
der Sonne zur Erde gerichteten und entweder die letztere
nur erreichenden, oder über sie hinaus verlängerten Linie.

Der erstere Fall einer Conjunction der betreffenden Körper mit der Sonne, muss eintreten wenn bei den
Novemberphaenomenen deren relative Geschwindigkeit ihren

3*

unter A. verzeichneten Minimalwerth oder irgend einen zwischen diesem und einer genau angebbaren Gränze gelegenen Werth besitzt. — Die unter B. genannten Bewegungsumstände, welche beziehungsweise ihre absolute Geschwindigkeit in dem absteigenden Knoten und ihre Umlaufszeit, der gleichzeitigen Bahngeschwindigkeit der Erde und dem siderischen Jahre genau gleich machen, gehören noch zu denjenigen welche um Mai 12. eine Opposition der Asteroiden mit der Sonne herbeiführen. Die gleichzeitige Entfernung derselben von dem Beobachter bestimmen sie noch zu 0,07865 Erdbahnhalbmesser oder etwa 1625400 geogr. Meilen und dennoch unterscheidet sich die ihnen zu Grunde liegende Annahme nur um kleine Aliquoten von den Gränzwerthen:

8,3052 für die relative Geschwindigkeit um November 13,5 und

4,2453 - - absolute   -   -

welche die Umlaufszeit der Novemberasteroiden auf 389,581. Tage erhöhen, zugleich aber sie um Mai 12. ein zweites Mal in die Erdbahn bringen und als Sternschnuppen erscheinen lassen würden. Es liefsen mithin nur die zwischen 8,3052 und 9,8950 geogr. Meilen gelegenen Werthe der relativen Secunden-Geschwindigkeiten um November 13,5 für die genannten Mai-Tage eine jedenfalls unbemerkbare Opposition des betreffenden Körpersystemes erwarten.

Ich habe nun, schon sehr bald nach der Entwickelung dieser Verhältnisse, auf gewisse Erfahrungen aufmerksam gemacht, welche unabhängig von den zu erwartenden Geschwindigkeitsmessungen für die periodischen Sternschnuppen, die genannten Gränzwerthe der Elemente ihrer Bahnen beträchtlich zusammen zu rücken schienen. Ich meine diejenigen Anomalien in dein Gange der an verschiedenen Punkten der Erde beobachteten Lufttemperaturen, welche auf eine um Februar 7. und um Mai 12. erfolgende Schwächung der wärmenden Sonnenstralen und daher auch, in sofern die Allgemeinheit ihres Vorkommens es zulässt, auf die an denselben

Tagen erwarteten Conjunctionen der beiden Asteroidenströme mit der Sonne zu deuten wären [1]).

Eine Anomalie dieser Art die man nun den August-asteroiden zuzuschreiben geneigt wurde, hatte Brandes schon lange vor der Kenntniss dieser Körper und mithin zu einer Zeit bemerkt, in der er eine Praeoccupation durch theoretische Betrachtungen durchaus nicht zu befürchten hatte. Die Untersuchung aller Temperaturbeobachtungen welche durch ihre vieljährige Dauer zur Trennung der wesentlichen von den zufälligen Einflüssen am geeignetsten schienen, führte ihn unter Anderem zu folgendem Ausspruch [2]): „fast an allen Orten nimmt die Kälte von Anfang Januars bis gegen die Mitte dieses Monats zu, dann beginnt ein Zunehmen der Wärme welches in Stockholm bis zu Ende desselben dauert: dann aber wird die Temperatur wieder geringer bis zum 12. Februar. Diese Depression welche man in Stockholm bemerkt, zeigen auch die Wiener, Ro-cheller, Mannheimer Beobachtungen, so wie die vom St. Gotthard, obgleich sie aus verschiedenen Jahren sind und daher mit den Zufälligkeiten einzelner Jahrgänge nicht merklich behaftet sein können."

Ich habe darauf nach den von Brandes gesammelten Normalwerthen der Tagesmittel der Lufttemperaturen welche nach je fünftägigen Intervallen eintreten, sowohl die zu den Orten: Stockholm, Karlsruhe, Königsberg, Paris, London, Zwanenburg, Wien und St. Gotthard gehörigen, als auch die sechs ersten für sich, zu mittleren Resultaten vereinigt und daraus folgende zwei Zusammenstellungen erhalten. Die erstere derselben beruht auf zusammen 190

---

[1]) Vgl. Astron. Nachr. Nr. 390: Ueber einige Thatsachen welche wahrscheinlich machen dass die Asteroiden der Augustperiode sich im Februar und die der Novemberperiode im Mai eines jeden Jahres zwischen der Sonne und der Erde auf dem Radius-Vector der letzteren befinden.

[2]) Brandes Beiträge zur Witterungskunde S. 11.

und die andere auf 156 Jahrgängen von Beobachtungen, von welchen sich nicht unter 10 und nicht über 50 Jahrgänge auf einerlei Ort beziehen. Die Temperaturen sind in Centesimal - Graden ausgedrückt.

Es betragen nach den Beobachtungen

an 8 Orten für:	Temperaturen	Zuwächse	an 6 Orten für:	Temperaturen	Zuwächse
Januar 13.	−1°,687	−0°,001	Januar 13.	−0°,812	+0°,542
Januar 18.	−1,688	+0,156	Januar 18.	−0,270	−0,163
Januar 23.	−1,532	+0,430	Januar 23.	−0,433	+0,176
Januar 28.	−1,102	+0,279	Januar 28.	+0,257	+0,701
Februar 2.	−0,823	+0,154	Februar 2.	+0,958	+0,057
Februar 7.	−0,669	+0,142	Februar 7.	+1,015	−0,035
Februar 12	−0,527	+0,082	Februar 12.	+0,980	+0,138
Februar 17.	−0,445	+1,064	Februar 17.	+1,118	+1,012
Februar 22.	+0,619	+0,626	Februar 22.	+2,130	+0,392
Februar 27.	+1,245	+0,180	Februar 27.	+2,522	+0,283
März 4.	+1,425		März 4.	+2,905	

und es zeigt sich daher von **Februar 7.** zu **Februar 12.**
theils eine ganz unerwartete Abnahme der Temperatur,
theils doch eine bedeutende Schwächung des normalen
Zuwachses derselben. Diese letztere erfolgt auch schon in
dem nächst vorhergehenden und erhält sich in dem nächst
folgenden fünftägigen Intervalle, während zwischen Februar 17. und Februar 22. eine ebenso auffallende Verstärkung des normalen Zuwachses der Lufttemperaturen Statt
findet. Diese Umstände sind völlig in Uebereinstimmung mit
der Annahme, dass der Erde ein Theil der wärmenden Sonnenstralen entzogen worden sei, an Tagen über welche aus
diesen Beobachtungen nur zu folgen scheint dass sie alle
zwischen **Februar 2.** und **Februar 17.**, der bedeutsamste
von ihnen aber zwischen **Februar 7.** und **12.** gelegen haben.
Von den zwei angeführten Resultaten sind das erstere in
einem um das Jahr 1799, das andere in einem um das Jahr
1803 gleichmäfsig vertheilten Zeitraume gewonnen und es
schien über dieselben noch bemerkenswerth, dass man von
einer kosmischen Schwächung der Sonnenstralen an den meisten Punkten der Erde eine über die Dauer ihres Stattfindens
mehr oder weniger verlängerte Wirkung zu erwarten habe,
weil in Folge von Luftströmungen die Temperatur an einem
jeden Orte in einem gegebenen Moment auch von denjenigen
Temperaturen abhängt, welche einige der ihm benachbarten
Gegenden zu einem früheren Zeitpunkte besessen haben. Es
wird hierdurch auch gedenkbar, dass für Orte die um die
Jahreszeit der Stralenschwächung meistens bedeckten Himmel
haben, die direkte Wirkung dieses Ereignisses sogar im viel-
jährigen Durchschnitte sich weniger stark äussere als die ihnen von anderen Orten etwas später mitgetheilte.

Bei der Frage nach einer etwa merklichen Wirkung der
um **Mai 12.** zu erwartenden Conjunctionen der November-
Asteroiden konnte ich nicht übersehen, dass eine weit
verbreitete Volkssage gerade von diesem Tage und den zwei
ihm nächst gelegenen das Vorkommen anomaler Erniedri-

gungen der Lufttemperatur behauptet [1]). Die Temperaturbeobachtungen an den acht eben erwähnten Orten, zu denen
noch dergleichen von Petersburg hinzugenommen sind, ergeben nun so wie folgt, respektive in ihrer Gesammtheit
die für 1797 gültigen Mittelwerthe aus 199 Jahrgängen und
nach Ausschluss der Beobachtungen in Wien und in Zwanenburg die für 1803 gültigen aus 155 Jahrgängen, welche
wiederum in Graden des hunderttheiligen Thermometers ausgedrückt sind.

---

[1]) Die in dem Römischen Kirchenkalender durch die Namen Ma-
mertius, Pankratius und Servatius bezeichneten Data: Mai 11.,
Mai 12. und Mai 13., denen man im nördlichen Deutschland einen
schädlichen Einfluss auf die Vegetation zuschrieb und deswegen
die strengen Herren zu nennen pflegte, werden für Frankreich
schon von Rabelais als Feinde des Weinstocks erwähnt und führen in Italien aus demselben Grunde den Namen der Santi di
ghiaccia, während man im mittleren Russland von dem ihnen nach
dem Griechischen Kalender entsprechenden Anfange des Mai, unter
dem Namen der tscherjúmochniza, das heisst der Blüthezeit
von Prunus padus, eine räthselhafte Rückkehr zur Kälte er-
wartet.

für 1797 aus 199 Jahrgängen	Temperaturen	Zuwächse	für 1803 aus 155 Jahrgängen	Temperaturen	Zuwächse
April 18.	+ 7°,285	+ 1°,251	April 18.	+ 6°,931	+ 1°,349
April 23.	+ 8 ,536	+ 0 ,824	April 23.	+ 8 ,280	+ 0 ,810
April 28.	+ 9 ,360	+ 1 ,177	April 28.	+ 9 ,090	+ 1 ,241
Mai 3.	+10 ,597	+ 0 ,886	Mai 3.	+10 ,331	+ 0 ,905
Mai 8.	+11 ,423	+ 0 ,365	Mai 8.	+11 ,236	+ 0 ,128
Mai 13.	+11 ,788	+ 1 ,023	Mai 13.	+11 ,364	+ 1 ,306
Mai 18.	+12 ,811	+ 0 ,616	Mai 18.	+12 ,670	+ 0 ,616
Mai 23.	+13 ,427	+ 0 ,324	Mai 23.	+13 ,294	+ 0 ,335
Mai 28.	+13 ,751	+ 0 ,878	Mai 28.	+13 ,629	+ 0 ,817
Juni 2.	+14 ,629	+ 0 ,858	Juni 2.	+14 ,446	+ 0 ,901
Juni 7.	+15 ,487		Juni 7.	+15 ,347	

Man wurde auch durch diese Werthe und durch die für
die einzelnen Orte gültigen aus denen sie entstanden sind¹),
zu dem Ausspruch berechtigt dass:
1) von Mai 8. bis zu Mai 13. ein anomal geschwäch-
ter und von Mai 13. bis zu Mai 18. ein anomal ver-
stärkter Temperaturzuwachs stattgefunden habe und dass:
2) die zuerst genannte Schwächung des fünftägigen
Zuwachses an manchen Orten eine wahre Umkehrung desselben gewesen sei und überall ihren Grund in einer solchen
Umkehrung des Zuwachses oder Abnahme der Temperatur
während eines oder mehrerer eintägigen Intervalle gehabt
habe.

Die folgende Bestätigung dieser Thatsache für die Um-
gegend von Berlin hatte Herr Mädler schon einige Jahre
früher nach 86 Jahrgängen von Temperaturbeobachtungen
geliefert, welche in drei Abschnitten zwischen 1719 und 1821
vertheilt, die folgenden etwa für das Jahr 1776 gültigen Mittelwerthe in Réaumurschen Graden ergeben ²):

für 1776 aus 86 Jahrgängen	Mittags-temperatur.	Zuwächse	Tagestem-peraturen	Zuwächse
Mai 5. . . .	+12°,70	+ 0°,06	+ 9°,81	0°,00
Mai 6. . . .	+12 ,76	+ 0 ,43	+ 9 ,81	+ 0 ,30
Mai 7. . . .	+13 ,19	+ 0 ,37	+10 ,11	+ 0 ,42
Mai 8. . . .	+13 ,56	+ 0 ,56	+10 ,53	+ 0 ,29
Mai 9. . . .	+14 ,12	— 0 ,35	+10 ,82	— 0 ,13
Mai 10. . . .	+13 ,77	— 0 ,87	+10 ,69	— 0 ,46
Mai 11. . . .	+12 ,90	+ 0 ,15	+10 ,23	+ 0 ,16
Mai 12. . . .	+13 ,05	+ 0 ,08	+10 ,39	+ 0 ,05
Mai 13. . . .	+13 ,13	+ 0 ,90	+10 ,44	+ 0 ,53
Mai 14. . . .	+14 ,03		+10 ,97	

¹) Diese finden sich vollständig in Astron. Nachr. Nr. 390 S. 89 u. 90.
²) Vgl. Verhandlungen des Vereins zur Beförderung des Gartenbaues
u. s. w. Berlin 1834. S. 377.

Die Abweichungen von dem der normalen Sonnenwir-
kung entsprechenden Gange welche diese zwei Reihen von
Werthen auf das Evidenteste zeigen, lassen sich wiederum
durch die Annahme einer Verminderung der wärmenden
Stralen erklären, die dann von Mai 10. bis Mai 13. gedauert,
das Maximum ihres Effektes aber zwischen Mai 11. und Mai 12.
Berliner Zeit und mithin bei einer Stellung der Erde in der
Ekliptik erreicht hat, welche der für 1776 zu den Novemberphaenomenen gehörigen, noch innerhalb der Gränzen ihrer Bestimmung genau entgegengesetzt ist.

Ich habe diesen Reihen von Temperaturangaben schon
1839 noch drei andere für Orte hinzugefügt, die von Berlin
und mithin etwa von der Mitte der bisher betrachteten, um
655 bis 682 geogr. Meilen abstehen und daher gewiss nicht
denselben Lokaleinflüssen wie diese ausgesetzt sein konnten.
Sie beruhen zwar nur auf je einem Jahrgange von Beobachtungen und können daher mit den in den meisten Gegenden
vorkommenden Zufälligkeiten der einmaligen Witterung stark
behaftet sein. Die dennoch in überraschendster Weise stattfindende Uebereinstimmung ihres Ganges mit der erwarteten
kosmischen Einwirkung schien aber eine Erklärung in dem
Umstande zu finden, dass die zu ihnen gehörigen starken Pol-
höhen und kleinen Sonnenhöhen, den Einfluss jeder anomalen
Schwächung der Insolation in demselben Grade wie die normale Wirkung derselben erhöhen müssen.

Ich lasse diese Werthe hier folgen und bemerke nur noch
dass sie der von Dr. Richardson ausgeführten Zusammenstellung der Lufttemperaturen entsprechen welche während
Capt. E. Parrys Reisen beobachtet worden sind[1]) und dass
jeder derselben das Mittel aus 12 nach je zweistündigen Intervallen gemachten Ablesungen eines im Schatten aufgehäng-
ten Fahrenheitschen Thermometers darstellt:

---

[1]) In Journal of the Roy. Geograph. Society of London. Vol. IV.
p. 339 ff.

	1825 Port Bowen Breite 73° 14' 91°16'W.v.Par.	1823 Igloolik Breite 69° 21' 84°13'W.v.Par.	1821 Winter Island Breite 66° 11' 85°31'W.v.Par.	Mittel für Breite 69° 35' 87° 0' O. v. Paris Temperat.	Mittel für Breite 69° 35' 87° 0' O. v. Paris Zuwächse
Mai 8.	+19°,24	+36°,62	+21°,75	+25°,87	+ 2°,74
Mai 9.	+22 ,29	+38 ,12	+25 ,42	+28 ,61	— 7 ,80
Mai 10. . . .	+11 ,00	+30 ,00	+21 ,42	+20 ,81	— 3 ,17
Mai 11. . . .	+ 6 ,29	+29 ,96	+16 ,67	+17 ,64	— 1 ,56
Mai 12. . . .	+ 8 ,25	+24 ,25	+15 ,75	+16 ,08	+ 0 ,21
Mai 13. . . .	+11 ,62	+20 ,00	+17 ,25	+16 ,29	+ 4 ,86
Mai 14. . . .	+17 ,75	+23 ,46	+22 ,25	+21 ,15	+ 5 ,30
Mai 15. . . .	+23 ,27	+30 ,79	+25 ,17	+26 ,45	

Diese Angaben gelten nach von Osten überlragener
Zeitrechnung, für die Mittage der Beobachtungsorte und der
ihnen beigefügten Daten, und daher das Mittel derselben nach
Pariser Zeit für 5^u 48' dieser Daten. Man halte demnach
auch aus ihnen auf eine Schwächung der Insolation zu schliefsen, die in den Jahren 1821 bis 1825, nach Pariser Zeit zwischen Mai 9,25 und Mai 10,25 zu wirken anfing und erst
nach Mai 13,25 aufhörte.

Es mag hier noch erinnert werden, dass von gewissen
Seiten das Stattfinden des in Rede stehenden Phaenomenes
im westlichen Europa, höchst paradoxer Weise, derjenigen
Bindung von Wärme zugeschrieben worden ist, welche an den
betreffenden Jahrestagen durch das Schmelzen des Flusseises
an einzelnen nordöstlich von dem genannten Erdtheile gelegenen Punkten erfolge. Herr Mädler· glaubte namentlich
eine Unterstützung dieser Ansicht in dem Umstande zu finden,
dass der Eisbruch auf der Dwina bei Archangelsk (d. h.
in einem Abstande von 275 geogr. Meilen von Berlin und
384 geogr. Meilen von Paris) nach dem Mittel aus 90jährigen
Beobachtungen auf Mai 13. falle. Er scheint übersehen zu
haben dass, wenn wirklich gerade diese, keineswegs vollständige sondern nur erst beginnende Schmelzung einer kleinen
Eismasse [1]) überall bis zu Entfernungen von 400 Meilen, eine
mit ihrem Eintreten gleichzeitige Abkühlung der Atmosphäre bewirkte, ein gleicher Einfluss von jedem der zahllosen
gleichartigen Ereignisse ausgeübt werden müsste, die während
40 bis 50 Tagen vor Mai 13. zwischen dem Schmelzen des
Flusseises an dem jedesmaligen Beobachtungsorte und dem,
ganz willkürlich hervorgehobenen, Anfange der Schmelzung
desselben bei Archangelsk eintreten. So müsste dann na-

---

[1]) Wie für alle gröfseren Flüsse so vergehen nämlich auch für die
Dwina mehrere Tage (im Jahre 1821 waren es fünf) zwischen dem
durchschnittlich um Mai 13. erfolgenden Brechen des Eises und
der vollständigen Schmelzung desselben. Vgl. F. Lütke Vierma-
lige Reise durch das nördl. Eismeer u. s. w. Berlin 1835. S. 114.

mentlich an jedem Tage zwischen April 23. und Mai 13.
ganz ebensowohl wie an dem letzteren Tage selbst, eine Herabsetzung aller Lufttemperaturen in Europa durch die nach einander zwischen Petersburg und Archangelsk aufthauen-
den Eisdecken der Flüsse erfolgen, nachdem die gleichartigen
Ereignisse zwischen Berlin und Petersburg schon auf alle
zwischen etwa März 27. und April 23. eintretende Temperaturen in gleicher Weise gewirkt hätten. — Eine fernere
Widerlegung dieser meteorologischen Hypothese lag aber nun
auch in den zuletzt angeführten Beobachtungen an den drei
Amerikanischen Orten, indem sich an diesen die zu erklärende
Anomalie schon bei der Temperatur von — 4°,62 Réaumur
für Mai 11,5 (Zeit des Ortes) gezeigt hat. Bei dieser könnten
nämlich von den südlicher gelegenen Orten an denen das
Flusseis etwa um dieselbe Zeit zu brechen anfinge und wo
demnach, nach den gewöhnlichen Erfahrungen über diese Erscheinung schon Temperaturen + 3°,5 bis + 4° Réaumur
eingetreten wären, nur erwärmende Luftströmungen, keineswegs aber die hypothetischen von entgegengesetzter Wirkung ausgehen.

Nachdem die sowohl der Zeit als der Beschaffenheit nach
vorhandene Uebereinstimmung zwischen den hier nachgewiesenen Temperatur-Anomalien und den zu erwartenden Folgen
einer Interception von Sonnenstralen durch die periodischen
Sternschnuppen, dem Ursprunge der ersteren durch die letztere eine beträchtliche Wahrscheinlichkeit verliehen hatte, konnte
zu der wünschenswerthen Entkräftung oder Vermeh-
rung dieser Wahrscheinlichkeit kaum durch ein anderes Mittel
so wesentlich beigetragen werden, wie durch die Ausdehnung
der vorstehenden Untersuchungen auf Orte von südlicher
Breite. Die Annahme einer ausserhalb der Erde gelegenen
Ursache wäre in der That nicht länger haltbar, sobald man
die ihr zugeschriebene Wirkung auf Punkte der nördlichen
Halbkugel beschränkt gefunden hätte, während durch jedes
Vorkommen derselben bei südlicher Breite eine in entgegengesetzten Jahreszeiten gleich wirkende und daher von

terrestrischen Verhältnissen gewiss unabhängige Wärmeentziehung erwiesen würde. — Der Mangel an ausgedehnteren
Reihen von Temperaturbeobachtungen in der Südhalbkugel
der Erde, hat eine solche Untersuchung lange verhindert und
auch die Resultate zweier Anfänge derselben die ich jetzt
mittheile, beruhen nur auf je sieben bis achtjährigen Beob-
achtungs-Reihen. Sie sind demnach mit den zufälligen meteorologischen Einflüssen auf einzelne Jahrgänge in einem
Grade behaftet, den man bei ihrer Vergleichung mit den vorstehenden Ergebnissen für nördliche Breiten wohl zu beachten
hat. Ich habe bei der folgenden Zusammenstellung von Lufttemperaturen welche in den Englischen Observatorien auf St.
Helena bei — 15° 56',7 Breite 8° 0',7 West von Paris in
den Jahren 1810 bis einschliefslich 1847 und zu Hobarton
bei — 42° 52',5 Breite, 145° 7',35 Ost von Paris in den Jahren 1841 bis einschliefslich 1848 beobachtet worden sind [1]),
zuerst die Mittelwerthe für die einzelnen zwischen April 16.
und Juni 4. gelegenen Tage angegeben und sodann neben
jedem dieser Werthe denjenigen der ihm nach einem von
zufälligen Discontinuitäten befreiten Gange zu entsprechen
scheint. Man erhält diese letzteren Werthe nachdem man
die Beobachtungszeiten als Abscissen und die direkt bestimmten Temperaturen als zugehörige Ordinaten eines Polygones
dargestellt hat, als Ordinaten desjenigen continuirlicheren Zu-
ges, welcher den einander folgenden Theilen des ersteren möglichst gleiche Flächenräume abgränzt. Die Temperaturen sind
nach dem Fahrenheitschen Thermometer angegeben und die
vom Mittag des Beobachtungsortes an gezählten mittleren
Zeiten auf die entsprechenden Pariser Zeiten durch Addition
des westlich und Subtraction des östlich genannten Meri-
dianunterschiedes zu reduziren.

[1]) Observations made at the magnet. and meteorolog. Observatory at
St. Helena. Vol. I and II. und: Observ. made at the magnet. and me-
teorol. Observatory at Hobarton in Vandiemen Island. Vol. I, II, III.

Zeit des Ortes	St. Helena — 15° 55',4 Breite 0u.32',03 West von Paris 1840 bis 1847		Hobarton — 42° 52',5 Breite 9u 40',49 Ost von Paris 1841 bis 1848		Zeit des Ortes
	direkt bestimmte	graphisch ausgeglich.	direkt bestimmte	graphisch ausgeglich.	
	Temperaturen		Temperaturen		
Apr. 16,418	65°,61	65°,53	52°,82	53°,92	Apr. 16,875
Apr. 17,418	65 ,49	65 ,54	55 ,02	53 ,80	Apr. 17,875
Apr. 18,418	65 ,48	65 ,55	53 ,69	53 ,69	Apr. 18,875
Apr. 19,418	65 ,49	65 ,56	52 ,29	53 ,56	Apr. 19,875
Apr. 20,418	65 ,55	65 ,59	53 ,74	53 ,35	Apr. 20,875
Apr. 21,418	65 ,36	65 ,58	51 ,24	53 ,12	Apr. 21,875
Apr. 22,418	65 ,60	65 ,60	51 ,33	52 ,93	Apr. 22,875
Apr. 23,418	65 ,69	65 ,60	52 ,07	52 ,74	Apr. 23,875
Apr. 24,418	65 ,70	65 ,59	50 ,90	52 ,53	Apr. 24,875
Apr. 25,418	65 ,71	65 ,54	54 ,18	52 ,38	Apr. 25,875
Apr. 26,418	65 ,45	65 ,45	52 ,53	52 ,21	Apr. 26,875
Apr. 27,418	65 ,09	65 ,40	50 ,03	52 ,08	Apr. 27,875
Apr. 28,418	65 ,42	65 ,30	48 ,97	52 ,00	Apr. 28,875
Apr. 29,418	65 ,43	65 ,20	51 ,21	51 ,93	Apr. 29,875
Apr. 30,418	65 ,13	65 ,10	53 ,52	51 ,87	Apr. 30,875
Mai 1,418	64 ,67	64 ,95	54 ,61	51 ,80	Mai 1,875
Mai 2,418	64 ,66	64 ,88	53 ,20	51 ,69	Mai 2,875
Mai 3,418	64 ,71	64 ,63	55 ,01	51 ,58	Mai 3,875
Mai 4,418	64 ,60	64 ,44	52 ,05	51 ,46	Mai 4,875
Mai 5,418	64 ,81	64 ,24	49 ,88	51 ,33	Mai 5,875
Mai 6,418	63 ,98	64 ,04	49 ,02	51 ,19	Mai 6,875
Mai 7,418	64 ,26	63 ,84	50 ,23	51 ,05	Mai 7,875
Mai 8,418	63 ,74	63 ,64	48 ,98	50 ,86	Mai 8,875
Mai 9,418	63 ,47	63 ,41	50 ,40	50 ,66	Mai 9,875
Mai 10,418	63 ,30	63 ,30	50 ,95	50 ,43	Mai 10,875
Mai 11,418	63 ,48	63 ,18	51 ,87	50 ,20	Mai 11,875
Mai 12,418	63 ,42	63 ,05	51 ,02	49 ,93	Mai 12,875
Mai 13,418	63 ,42	62 ,90	49 ,24	49 ,42	Mai 13,875
Mai 14,418	62 ,04	62 ,78	47 ,99	49 ,00	Mai 14,875

Zeit des Ortes	St. Helena — 15° 55',4 Breite 0ᵘ 32',03 West von Paris 1840 bis 1847		Hobarton — 42° 52',5 Breite 9ᵘ 40',49 Ost von Paris 1841 bis 1848		Zeit des Ortes
	direkt bestimmte Temperaturen	graphisch ausgeglich.	direkt bestimmte Temperaturen	graphisch ausgeglich.	
Mai 15,418	62°,73	62°,68	47°,85	48°,30	Mai 15,875
Mai 16,418	62 ,69	62 ,60	47 ,44	47 ,83	Mai 16,875
Mai 17,418	62 ,84	62 ,54	47 ,22	47 ,54	Mai 17,875
Mai 18,418	62 ,54	62 ,48	47 ,84	47 ,38	Mai 18,875
Mai 19,418	62 ,49	62 ,35	46 ,51	47 ,36	Mai 19,875
Mai 20,418	62 ,31	62 ,25	48 ,21	47 ,44	Mai 20,875
Mai 21,418	62 ,14	62 ,17	47 ,00	47 ,63	Mai 21,875
Mai 22,418	61 ,98	62 ,10	48 ,78	47 ,90	Mai 22,875
Mai 23,418	62 ,03	62 ,06	47 ,96	48 ,00	Mai 23,875
Mai 24,418	62 ,22	62 ,03	48 ,38	48 ,01	Mai 24,875
Mai 25,418	62 ,13	62 ,00	48 ,37	48 ,00	Mai 25,875
Mai 26,418	62 ,19	61 ,93	47 ,61	47 ,93	Mai 26,875
Mai 27,418	61 ,88	61 ,82	48 ,42	47 ,86	Mai 27,875
Mai 28,418	61 ,69	61 ,73	46 ,89	47 ,77	Mai 28,875
Mai 29,418	61 ,84	61 ,62	46 ,19	47 ,68	Mai 29,875
Mai 30,418	61 ,68	61 ,50	48 ,08	47 ,58	Mai 30,875
Mai 31,418	61 ,32	61 ,40	49 ,16	47 ,43	Mai 31,875
Juni 1,418	61 ,39	61 ,30	48 ,54	47 ,35	Juni 1,875
Juni 2,418	61 ,47	61 ,20	47 ,17	47 ,30	Juni 2,875
Juni 3,418	60 ,78	61 ,13	47 ,89	47 ,25	Juni 3,875
Juni 4,418	61 ,02	61 ,05	48 ,14	47 ,20	Juni 4,875
Juni 5,418	61 ,17	61 ,00	46 ,33	47 ,15	Juni 5,875

Der Gang der ausgeglichenen Werthe zeigt sich deutlicher durch folgende Vergleichungen, bei denen ich der Kürze halber die Daten nur in ganzen Zahlen, nach Auslassung der kleinen Tagesbrüche durch die sie auf Pariser Zeit reduzirt werden, angebe.

Es haben betragen die Temperaturzuwächse für

				St. Helena	Hobarton
von April	16.	bis April	24.	+ 0°,07	— 1°,39
- April	24.	- Mai	2.	— 0 ,72	— 0 ,84
- Mai	2.	- Mai	10.	— 1 ,58	— 1 ,26
- Mai	10.	- Mai	18.	— 0 ,82	— 3 ,05
- Mai	18.	- Mai	26.	— 0 ,55	+ 0 ,55
- Mai	26.	- Juni	3.	— 0 ,80	— 0 ,68

und demnächst:

von April	16.	bis Mai	2.	— 0°,65	— 2°,23
- Mai	2.	- Mai	18.	— 2 ,40	— 4 ,31
- Mai	18.	- Juni	3.	— 1 ,35	— 0 ,13

Auch an diesen beiden Orten zeigt sich also ganz so deutlich wie es die Kürze der untersuchten Beobachtungsreihen erwarten liefs, um den betreffenden Jahrestag eine höchst auffallende Verstärkung der durch Veränderungen des Sonnenstandes erklärlichen Abnahmen der Temperatur. Das Gewicht dieses Resultates wird noch vermehrt wenn man beachtet dass, dem ausgeglichenen jährlichen Temperaturgange zu Folge, von dem nächst vorhergegangenen Maximum aus, die Rückkehr zur Mitteltemperatur und mithin die Zeit der stärksten normalen Temperaturdecrescenz für St. Helena auf Juni 2., für Hobarton aber auf April 13. fällt. Die zwischen Mai 2. und Mai 18. gelegenen secundären Maxima dieser Decrescenz sind daher für beide Orte gleich anomal, weil das an dem ersteren nachgewiesene dem Eintritt der entsprechenden normalen Erscheinung um 20 Tage vorhergeht, das an dem anderen aber um etwa 30 Tage auf denselben folgt. Auch die an beiden südlichen Punkten zwischen Mai 18. und Mai 26. bemerkbare Schwächung der Temperaturdecrescenz unter ihren der Jahreszeit entsprechenden Mittelwerth — welche für Hobarton sogar zu einer Umkehrung derselben in eine Temperaturzunahme ge-

worden ist, wiederholt wie es scheint das ähnliche Phaenomen
einer Verstärkung der Temperaturzunahmen über ihren normalen Werth, welches an den oben betrachteten Orten der
nördlichen Halbkugel auf diejenigen Wärmeentziehungen die
wir einer Interception von Sonnenstralen zuschreiben, folgt.

Für die um Februar 7. gelegene Jahreszeit haben sich
die Tagesmittel der Lufttemperaturen (nach dem Fahrenheitschen Thermometer) auf St. Helena nach sieben und in
Hobarton nach acht Jahrgängen von Beobachtungen, folgendermafsen ergeben:

4*

Zeit des Ortes	St. Helena — 15° 55',4 Breite 0" 32',03 West v. Par. [1])		Hobarton — 42° 52',5 Breite 9"40',49 Ost von Par.		Zeit des Ortes
	direkt bestimmte	graphisch ausgeglich.	direkt bestimmte	graphisch ausgeglich.	
	Temperaturen		Temperaturen		
Jan. 10,458	63°,73	63°,62	60°,97	63°,46	Jan. 10,875
Jan. 11,458	63 ,87	63 ,64	63 ,68	63 ,43	Jan. 11,875
Jan. 12,458	63 ,93	63 ,67	66 ,08	63 ,40	Jan. 12,875
Jan. 13,458	64 ,02	63 ,70	64 ,07	63 ,35	Jan. 13,875
Jan. 14,458	63 ,23	63 ,74	62 ,18	63 ,28	Jan. 14,875
Jan. 15,458	63 ,59	63 ,79	62 ,46	63 ,22	Jan. 15,875
Jan. 16,458	64 ,08	63 ,85	62 ,28	63 ,13	Jan. 16,875
Jan. 17,458	64 ,13	63 ,92	62 ,57	63 ,03	Jan. 17,875
Jan. 18,458	64 ,20	64 ,00	61 ,76	62 ,90	Jan. 18,875
Jan. 19,458	64 ,10	64 ,08	61 ,95	62 ,76	Jan. 19,875
Jan. 20,458	64 ,02	64 ,16	62 ,82	62 ,55	Jan. 20,875
Jan. 21,458	64 ,53	64 ,27	62 ,11	62 ,31	Jan. 21,875
Jan. 22,458	64 ,69	64 ,40	62 ,69	62 ,12	Jan. 22,875
Jan. 23,458	64 ,36	64 ,52	64 ,32	61 ,96	Jan. 23,875
Jan. 24,458	64 ,85	64 ,64	65 ,45	61 ,82	Jan. 24,875
Jan. 25,458	65 ,03	64 ,76	62 ,35	61 ,70	Jan. 25,875
Jan. 26,458	64 ,73	64 ,87	60 ,69	61 ,62	Jan. 26,875
Jan. 27,458	64 ,97	64 ,98	59 ,50	61 ,54	Jan. 27,875
Jan. 28,458	65 ,10	65 ,08	59 ,68	61 ,48	Jan. 28,875
Jan. 29,458	65 ,02	65 ,18	59 ,72	61 ,43	Jan. 29,875
Jan. 30,458	65 ,36	65 ,29	59 ,81	61 ,40	Jan. 30,875
Jan. 31,458	65 ,64	65 ,40	60 ,21	61 ,38	Jan. 31,875
Febr. 1,458	65 ,73	65 ,49	63 ,48	61 ,37	Febr. 1,875
Febr. 2,458	65 ,72	65 ,58	61 ,73	61 ,38	Febr. 2,875
Febr. 3,458	65 ,71	65 ,60	60 ,18	61 ,40	Febr. 3,875
Febr. 4,458	65 ,38	65 ,61	61 ,29	61 ,47	Febr. 4,875
Febr. 5,458	65 ,47	65 ,62	64 ,47	61 ,55	Febr. 5,875

[1]) 1647 Pariser Fuſs über dem Meere.

Zeit des Ortes	St. Helena — 15° 55',4 Breite 0ᵘ 32',03 West von Paris		Hobarton — 42° 52',5 Breite 9ᵘ 40',49 Ost von Paris		Zeit des Ortes
	direkt bestimmte Temperaturen	graphisch ausgeglich.	direkt bestimmte Temperaturen	graphisch ausgeglich.	
Febr. 6,458	65°,39	65°,64	64°,48	61°,65	Febr. 6,875
Febr. 7,458	65 ,95	65 ,71	62 ,46	61 ,70	Febr. 7,875
Febr. 8,458	66 ,09	65 ,75	60 ,92	61 ,75	Febr. 8,875
Febr. 9,458	65 ,47	65 ,70	61 ,64	61 ,73	Febr. 9,875
Fbr. 10,458	65 ,44	65 ,69	60 ,77	61 ,70	Apr. 10,875
Fbr. 11,458	65 ,93	65 ,70	62 ,60	61 ,60	Fbr. 11,875
Fbr. 12,458	65 ,87	65 ,77	62 ,90	61 ,45	Fbr. 12,875
Fbr. 13,458	66 ,09	65 ,87	60 ,81	61 ,32	Fbr. 13,875
Fbr. 14,458	66 ,06	65 ,94	60 ,92	61 ,20	Fbr. 14,875
Fbr. 15,458	65 ,92	66 ,01	61 ,25	61 ,09	Fbr. 15,875
Fbr. 16,458	66 ,09	66 ,05	60 ,96	61 ,04	Fbr. 16,875
Fbr. 17,458	65 ,82	66 ,10	61 ,40	61 ,02	Fbr. 17,875
Fbr. 18,458	66 ,07	66 ,15	59 ,97	61 ,00	Fbr. 18,875
Fbr. 19,458	66 ,62	66 ,20	59 ,10	60 ,95	Fbr. 19,875
Fbr. 20,458	66 ,59	66 ,26	59 ,39	60 ,84	Fbr. 20,875
Fbr. 21,458	66 ,72	66 ,33	59 ,52	60 ,76	Fbr. 21,875
Fbr. 22,458	66 ,01	66 ,40	61 ,72	60 ,65	Fbr. 22,875
Fbr. 23,458	66 ,61	66 ,49	62 ,73	60 ,62	Fbr. 23,875
Fbr. 24,458	66 ,85	66 ,57	62 ,89	60 ,65	Fbr. 24,875
Fbr. 25,458	67 ,38	66 ,64	61 ,17	60 ,69	Fbr. 25,875
Fbr. 26,458	66 ,41	66 ,67	59 ,10	60 ,74	Fbr. 26,875
Fbr. 27,458	65 ,91	66 ,70	58 ,29	60 ,80	Fbr. 27,875
Fbr. 28,458	65 ,79	66 ,73	60 ,02	60 ,87	Fbr. 28,875
März 1,458	66 ,62	66 ,75	62 ,02	60 ,93	März 1,875
März 2,458	66 ,73	66 ,77	60 ,35	61 ,00	März 2,875
März 3,458	66 ,85	66 ,79	60 ,88	61 ,08	März 3,875
März 4,458	67 ,10	66 ,81	61 ,11	61 ,13	März 4,875
März 5,458	66 ,55	66 ,82`	62 ,14	61 ,17	März 5,875
März 6,458	66 ,24	66 ,82	61 ,70	61 ,20	März 6,875

Es folgen aus den ausgeglichenen Werthen, wenn die Daten sowie oben für die entsprechenden Vergleichungen der Mai-Temperaturen abgekürzt werden:

für St. Helena für Hobarton

Zuwächse der Temperaturen

				für St. Helena	für Hobarton
von Januar 10.	bis	Januar 18.		+ 0°,38	— 0°,56
- Januar 18.	-	Januar 26.		+ 0,87	— 1,28
- Januar 26.	-	Februar 3.		+ 0,73	— 0,22
- Februar 3.	-	Febr. 11.		+ 0,10	+ 0,20
- Febr. 11.	-	Febr. 19.		+ 0,50	— 0,65
- Febr. 19.	-	Febr. 27.		+ 0,50	— 0,15
- Febr. 27.	-	März 7.		+ 0,10	+ 0,43

Hier ist der zwischen Februar 3. und Februar 11. erfolgende Temperaturzuwachs für den ersten der beiden Orte wieder in demselben Sinne wie für die Orte der nördlichen Halbkugel ausgezeichnet, d. h. der Annahme einer Wärmeentziehung während der genannten Tage günstig. Es scheint dieses um so entschiedener, wenn man beachtet dass dem aus monatlichen Mittelzahlen abgeleiteten Temperaturgange für St. Helena zu Folge, das Maximum der Temperatur daselbst um März 14. eintritt und dass sich daher die zu Februar 27. bis März 7. gehörige zweite Erniedrigung des Zuwachses aus diesem Umstande erklärt, die ihr gleiche zwischen Februar 3. und Februar 11. aber als durchaus anomal darstellt. Für Hobarton zeigt sich der zuletzt genannte Temperaturzuwachs der Annahme einer Wärmeentziehung während der betreffenden Tage widersprechend. Es darf aber nicht übersehen werden dass an diesem Orte die Lufttemperaturen zwischen Januar 10. und März 7. durch zufällige terrestrische Einflüsse so stark bedingt sind, dass ihre achtjährigen Mittelwerthe noch höchst discontinuirlich fortschreiten und daher der versuchten graphischen Ausgleichung sowohl, als jedem Resultate derselben nur ein so gut als verschwindendes Gewicht verleihen.

In der That erhält man für Hobarton den wahrschein-

lichen Werth des Unterschiedes zwischen einer beobachteten
Temperatur und der ihr nach unserem Ausgleichungsversuche
entsprechenden $\pm$ 0°,97 und daher den wahrscheinlichen
Fehler des Unterschiedes zwischen zweien aus je 8 Beobachtungen bestimmten Tagestemperaturen zu: $\pm$ 0°,49 — während sich die entsprechenden Werthe für St. Helena beziehungsweise nur . zu: $\pm$ 0°,20 und $\pm$ 0°,10 ergeben. Ich kann
aber jetzt diese Untersuchung nicht verlassen ohne ausdrücklich
zu erklären, dass ich sie weder nach der einen noch nach der
anderen Seite für entscheidend halte.   Direkte Argumente für
oder wider das Stattfinden von Vorübergängen der periodischen Sternschnuppen vor der Sonne können vielmehr auch
jetzt noch, zugleich mit allen ferneren Aufschlüssen über ihre
Bahnen, nur in der oben erwähnten Weise: aus Messungen
ihrer relativen Geschwindigkeiten entnommen werden[1]).

Die Lage des Convergenzpunktes der Auguststernschnuppen die wir in den Jahren 1837, 1839 und 1840 aus
zusammen 592 in Berlin, in Breslau, in Königsberg und
in Philadelphia verzeichneten scheinbaren Bahnen bestimmt
hatten[2]), ist seitdem fast in jedem Jahre durch ähnliche Beobachtungen in Europa und in Amerika controlirt worden.
Man scheint sich aber in den meisten Fällen, so wie noch
1863 und 1866 in Mailand, mit dem Resultate begnügt zu
haben, dass die rückwärts verlängerten Bahnen sich nahe genug „in dem bekannten Punkte der nördlichsten Theile des
Perseus" durchschnitten, ohne durch Festlegung der einzel-

---

[1]) Ich übergehe hier einige Angaben über sichtbare Erscheinungen an
der Sonne und über merkwürdige Sternschnuppenfälle im Mai und
im Februar die man wegen ihres theils genau, theils sehr nahe mit
den Conjunctionszeiten der November- und August-Asteroiden über-
einstimmenden Eintrittes für Wirkungen derselben gehalten hat. Eine
jährliche Wiederkehr solcher Ereignisse hat sich kaum annehmbar gefunden und ihre vereinzelten Coincidenzen mit den ausgezeichneten Jahrestagen können daher noch immer als zufällig betrachtet werden.

[2]) Vgl. Astron. Nachrichten Nr. 428. S. 323 und 324.

nen an verschiedenen Standorten auf die entsprechende Bewegung im Raume, oder gar durch Messung der Dauer der Sternschnuppen auf die Geschwindigkeit dieser Bewegung zu schliefsen.

Ueber dieses entscheidende Element besitzen wir daher auch in diesem Augenblick noch, kaum mehr als folgende sehr unsichere, obgleich einander nahe kommende, Andeutungen.

Für die mehrerwähnten correspondirend beobachteten Erscheinungen von August 1839 sind die Dauern, deren Bestimmung uns in Berlin durchaus nicht gelungen war, von den Breslauer Beobachtern später angegeben worden. Wir haben darauf die in geographischen Meilen ausgedrückten Längen der Bahnen welche die betreffenden Körper während ihrer Sichtbarkeit nach den Berliner Beobachtungen durchlaufen haben, berechnet[1]) und es ergeben sich nun, in sofern man, unseren obigen Resultaten gemäfs, das Erscheinen und das Verschwinden einer Sternschnuppe für verschiedene Standpunkte hinlänglich gleichzeitig voraussetzt:

---

[1]) Vgl. Astronom. Nachrichten Nr. 434. Aus den in diesem Aufsatz unter den Bezeichnungen r und r_{i} für die Abstände, so wie $H + n\varepsilon$ und $H_{i} + n_{i}\varepsilon$ für die Höhen der Sternschnuppen angegebenen Werthen, in denen n und n_{i} die bereits berechneten Coefficienten und ε wiederum einen in Graden ausgedrückten bei der Bestimmung des Anfangs- und Endpunktes begangenen Fehler bedeuten, ist hier jeder Bahnlänge l unter: $c\varepsilon$ die Gröfse der von eben diesen Fehlern abhängigen Reduction hinzugefügt, das c aber nach folgender leicht zu begründenden Rechnungsvorschrift bestimmt worden. Mit:

$$a = \frac{l' - r_{i}'^{2} + r'^{2}}{2Hl} \qquad a_{i} = \frac{l' - r'^{2} + r_{i}'^{2}}{2H_{i}l}$$

ist:

$$c = \sqrt{a'n'^{2} + a_{i}'n_{i}'^{2}}$$

zu setzen.

1839 August 10. Sternschn.	Länge der Bahn in geogr. Meilen $l + c \cdot \varepsilon$	Dauer in Sekunden t	Wahr- scheinl. ε
Nr. 11	48,6 +24,9 . ε	1″	— 1°,78
- 13	20,7 + 3,0 . ε	1,3	— 4 ,91
- 19	8,4 + 0,9 . ε	2,7	+ 4 ,42
- 22	6,0 + 0,1 . ε	1,3	— 0 ,43
- 23	22,8 + 8,8 . ε	1,0	— 2 ,07
- 27	8,9 + 9,0 . ε	1	— 0 ,48
- 29	11,6 + 2,7 . ε	1	— 3 ,60
- 31	9,5 + 4,3 . ε	0,7	— 1 ,46
- 33	10,0 + 5,7 . ε	1	— 0 ,95
- 36	10,7 + 3,1 . ε	1,3	— 1 ,53
- 38	14,0 + 2,8 . ε	1	— 3 ,36
- 46	4,0 + 1,2 . ε	1	+ 0 ,48
- 50	15,6 + 2,2 . ε	1,0	— 5 ,01

Ich bemerke zunächst dass die beobachteten Dauern hier auch der Form nach so wiedergegeben sind wie sie mir Bo- guslawski mittheilte und dass daher die sechs nur in gan- zen Sekunden ausgedrückten vielleicht den Beobachtern selbst noch etwas unsicherer erschienen als die sieben übrigen. Eine Berücksichtigung dieses Umstandes bei der Ableitung der ge- suchten Gröfse ist aber nicht möglich.

Wenn man nun zunächst ohne Rücksicht auf die durch das Glied in ε ausgedrückten Einflüsse denen die einzelnen Bahnlängen von den unvermeidlichen Beobachtungsfehlern (ε) ausgesetzt waren, eine jede derselben durch die angeblich auf ihre Beschreibung verwandte Zeit dividirte, so erhielt man für die Geschwindigkeit aufs äusserste verschiedene Werthe. Sie beziehen sich sämmtlich auf Körper für welche die Gleichheit dieser Geschwindigkeit durch ihre gemeinsame Richtung zu dem Convergenzpunkte im voraus erwiesen ist, und ich glaubte daher anfangs in jenen starken Unterschieden der Resultate

einen Beweis für deren Verwerflichkeit und eine Folge äusserst
mangelhafter Bestimmung der angegebenen Dauern zu finden. Auch schien eine Bestätigung dieser Ansicht in dem
Umstande zu liegen, dass das angegebene Verfahren, insofern
man das arithmetische Mittel seiner heterogenen Resultate
überhaupt noch als eine Annäherung an die gesuchte relative
Geschwindigkeit betrachten wollte, dieselbe zu nahe an
14 geogr. Meilen und mithin weit aufserhalb der Gränzen von
3,41 und 8,60 geogr. Meilen ergab, welche derselben für eine
geschlossene Bahn der Augustasteroiden bereits ange-
wiesen waren.

Dieselben Angaben über die Bahnlängen und die Zeiten in denen sie durchlaufen worden sind, führen indessen
zu einem ganz anderen und allein annehmbaren Resultate,
sobald man die überaus starke Verschiedenheit des Einflusses
gehörig berücksichtigt, welche gleich grofse Beobachtungsfehler nach einander auf jene Längen ausgeübt haben. Wenn
der positive oder negative Werth eines solchen Fehlers mit ε,
die berechnete Bahnlänge mit l und demnach, so wie bei
der obigen Zusammenstellung, deren vollständiger Werth mit:
$l + c\varepsilon$, mit t und v' aber beziehungsweise das beobachtete
Zeitintervall in dem sie beschrieben wurde und die, allen
Auguststernschnuppen gemeinsame, relative Geschwindigkeit bezeichnet werden, so liefert jede einzelne Beobachtung
einen Ausdruck von der Form:

$$\varepsilon = \frac{t}{c} \cdot v' - \frac{l}{c}$$

und daher ihre Gesammtheit als wahrscheinlichsten Werth der
gesuchten Geschwindigkeit, wenn unter [ ] eine über alle Glei-
chungen erstreckte Summe verstanden wird:

$$v' = \frac{\left[\frac{lt}{cc}\right]}{\left[\frac{tt}{cc}\right]}$$

das ist denjenigen welcher die, von dem gewählten v' abhän-

gige Summe der Quadrate der Beobachtungsfehler oder das
[ε^2] zu einem Minimum macht.

Man erhält nun auf diesem Wege für die in geographischen Meilen ausgedrückte relative Sekundengeschwindigkeit
der Auguststernschnuppen und den wahrscheinlichen Werth
ihres Fehlers:

$$v' = 4{,}583 \pm 0{,}150$$

so wie auch für die in Graden ausgedrückten Beobachtungsfehler, welche demnächst in den Angaben der scheinbaren
Anfangs- und End·orte der betreffenden Sternschnuppen vorausgesetzt werden, die oben unter ε angeführten Zahlwerthe.
Der wahrscheinlichste Betrag derselben ergiebt sich aus
diesen 13 Bestimmungen zu:

$$\pm 1^{\circ}{,}93$$

das ist sehr nahe ebenso aber noch um etwas geringer wie
wir. ihn bereits bei der Untersuchung der Gleichzeitigkeit
derselben Beobachtungen und mithin auf einem von dem gegenwärtigen durchaus unabhängigen Wege gefunden haben.

Wenn aber diese Umstände einerseits über die Zuverläs-
sigkeit des ebengenannten Resultates aus einer gröfseren Anzahl von correspondirenden Sternschnuppen-Beobachtungen
ein günstiges Urtheil zu begründen scheinen, so zeigen sie
doch eben so entschieden dass das .entsprechende Ergebniss
von einzelnen Versuchen dieser Art nur nach dem Mafse ihrer
Abhängigkeit von den Beobachtungsfehlern, d. h. nach dem im

Vorstehenden mit: $\dfrac{c}{t}$ bezeichneten Werthe zu veranschlagen

ist. Es ist um desto mehr zu bedauern, dass diese unerläss-
liche Ergänzung den drei Resultaten über die relative Geschwindigkeit der Auguslasteroiden fehlt, die noch ausser dem
unsrigen vorliegen und welche sich demselben in beachtens-
werther Weise nähern.

Das erste derselben findet sich in den Abhandlungen die
Sirs Walker an unsere obenerwähnte angeschlossen und in
denen er nach einigen mit Zeitmessungen verbundenen correspondirenden Beobachtungen der Auguststernschnuppen von

Quetelet, von Twining und von Brandes, die Umlaufszeit der betreffenden Körper zu 0,566 siderischen Jahren berechnet und demnach ihre relative Geschwindigkeit im absteigenden Knoten zu 5,337 geogr. Meilen in der Sekunde
angenommen hat.

In einer späteren Abhandlung von Pierce ist, ohne na-
mentliche Anführung der benutzten Data, die Umlaufszeit derselben Asteroiden zu $\frac{7}{12}$ siderische Jahre festgestellt und
demnach, in sofern sich der Verfasser nicht absichtlich auf
eine nur angenäherte Angabe beschränken wollte, die genannte
relative Sekunden-Geschwindigkeit zu 5,454 geogr. Meilen
ermittelt worden — und es ist endlich auch eine vierte und
offenbar selbständige Bestimmung dieses entscheidenden Ele-
mentes, von Amerikanischen Astronomen ausgegangen.
Nach einem Berichte von Newton über die von ihm und
Twining veranlassten correspondirenden Beobachtungen während der Augustperiode von 1861, ist nämlich am 10. August
dieses Jahres die scheinbare Bahn einer ungewöhnlich hellen
Sternschnuppe oder Feuerkugel an mehreren Orten verzeichnet und die Dauer ihrer Sichtbarkeit so angegeben worden,
dass sich ihre relative Geschwindigkeit zu 26,6 Engl. Meilen
und mithin zu 5,770 geogr. Meilen in der Sekunde ergeben
hat. Der Berichterstatter versichert ausdrücklich, dass die
scheinbaren Bahnen dieses Körpers die Richtung zu dem
Convergenzpunkte besafsen und sich daher von denen
der, etwa an demselben Abend vorgekommenen, sogenannten
sporadischen, d. h. nicht zu dem Strome der Augustasteroiden gehörigen, Sternschnuppen unterschieden haben.

Neben den durch die gleichzeitige Bahngeschwindigkeit
der Erde ausgedrückten vier Angaben

$$v' = 1,11574$$
$$v' = 1,29933$$
$$v' = 1,32784$$
$$v' = 1,40474$$

sind nun die zu ihrer Vereinigung erforderlichen Gewichte
so willkürlich gelassen, dass man für jetzt nur etwa die beiden

äussersten von ihnen als Gränzwerthe der fraglichen Gröfse
betrachten darf. Auch diese liefern aber dann bereits mit
einer ihrer eigenen Begründung entsprechenden Sicherheit
folgende äusserst erwünschte Aufschlüsse über die Bewegung
der August-Asteroiden. Es betrügen für diese Körper:
die grofse Axe ihrer Bahnen zwischen   0,62784 und 0,74008
die Neigung der Bahn . . . . . . 82° 52',5 - 102° 8',1
die Umlaufszeit. . . . . 181,71 - 232,55
der heliocentr. Abstand im Perihel . . 0,22620 - 0,41745
       -       - im aufsteig. Knoten 0,22700 - 0,43006
wo wiederum beziehungsweise der mittlere Tag und der
Halbmesser der Erdbahn den Zeiten und den Entfernungen als Einheiten zu Grunde liegen.

Vermöge der zuletzt genannten Gränzwerthe des Abstandes von der Sonne, in dem sich der Asteroidenstrom um
Februar 6. bis 7. befindet und des Minimum welches wir für
die Ausdehnung seines Durchschnittes mit der Ekliptik gefunden haben [1]), werden dort auch noch die Stücke der
Erdbahn bestimmt, welche die Schatten der betreffenden
Körper um die genannte Jahreszeit einnehmen und die
Dauern des Durchganges der Erde durch dieselben. Es folgt
namentlich dass alle zur Erde gelangende Sonnenstralen zum
mindesten während einer gleichmäfsig um das genannte Con-
junctionsmoment vertheilten Zeitraumes
    von 6,92 Tage im ersten und 3,94 Tage im zweiten Falle
durch die Augustasteroiden hindurchgehen und dass theilweise
Durchgänge dieser Art zum mindesten während eines in gleicher Weise vertheilten Zeitraumes
    von 10,61 Tage unter der ersten und 5,33 Tage unter
    der zweiten
der betrachteten Annahmen statt finden.

Die Uebereinstimmung dieser bedingten Folgerungen mit
den aus den Februar-Anomalien der Lufttemperaturen gezogenen, würde das Gewicht der zu Grunde liegenden That-

---

[1]) D. i. nahe 7,5 Halbmesser der Sonne; nicht Durchmesser derselben wie oben fälschlich gedruckt ist.

sachen nur dann erst bedeutend erhöhen, wenn der Zusammenhang derselben über den Verdacht der Zufälligkeit erhoben wäre. Aus dem Gange der bisher geschilderten Untersuchungen folgt dagegen, dass man auch jetzt nur unsere oben genannten Gränzwerthe für die Bahnelemente der Augustasteroiden als gegeben betrachten darf; dass eine sichere Bestimmung dieser Elemente nur von vervollkommneten Messungen der relativen Geschwindigkeiten dieser Körper zu erwarten ist und dass auch erst eben diese Messungen entscheiden werden, ob um Februar 6. und 7. Conjunctionen derselben mit der Sonne statt finden, denen man dann die nachgewiesenen Temperatur - Anomalien mit überwiegender Wahrscheinlichkeit zuzuschreiben hätte, oder nur Oppositionen welche die Gleichzeitigkeit der zwei Ereignisse als rein zufällig darstellen, jeden ursachlichen Zusammenhang zwischen denselben aber entschieden widerlegen würde.

Für die November-Asteroiden hatte Walker nach Erfahrungen bei ihren in Amerika beobachteten Erscheinungen von 1832 und 1833 die relative Geschwindigkeit im absteigenden Knoten zu 4,3995 geogr. Meilen in der Sekunde angenommen, wie, dem Obigen zu Folge, aus der Umlaufszeit von 0,358 siderischen Jahren oder 130,87 Tagen die er ihnen zuschrieb, hervorgeht.

Diesen Angaben die ihren Minimalwerthen äusserst nahe kamen, scheinen kaum andere Messungsversuche entgegen getreten zu sein, bis dass sich in den letzten Jahren die Aussicht zur Bestimmung der betreffenden Bahnelemente auf einem ganz unerwarteten Wege eröffnete.

·Seit der Beachtung der periodischen Sternschnuppen hat man sich vielfach und mit bedeutenden Erfolgen bemüht auch ältere Zusammenkünfte derselben mit der Erde durch die Beschreibungen nachzuweisen, welche die Schriftsteller früherer Jahrhunderte von auffallenden Himmelserscheinungen hinterlassen haben. Für die Augustasteroiden ist eine sehr zahlreiche Reihe solcher Nachweisungen bereits bis zum Jahre 830 unserer Zeitrechnung fortgesetzt worden, während man aus der entsprechenden für die November-Körper, welche mit Sicherheit bis 903 n. Chr. mit grofser Wahrscheinlichkeit aber auch bis 585 n. Chr. hinaufreicht, schon seit längerer Zeit die wichtige Folgerung gezogen hatte, dass sich die Mitte einer jeden ihrer nach dem Sonnenjahre gerechneten Erscheinungen um 41,66 Minuten mittlerer Zeit gegen die der vorhergehenden verspätet und dass mithin die absteigenden Knoten ihrer Bahnen sich rechtläufig auf der Ekliptik in jedem Jahre um $1',711$ gegen den jedesmaligen und um $0',874$ gegen den festen Aequinoctialpunkt bewegen[1]). Es war auch schon öfters hervorgehoben worden, dass auf das glänzende November-Phaenomen von 1799 kaum vor 1831 und den drei folgenden Jahren gleich intensive, darauf aber wiederum so schwache Andeutungen desselben gefolgt seien dass ihre Erkennung nur darauf vorbereiteten Beobachtern gelingen konnte.

Herr Newton in New-Haven hat aber das unbestreitbare Verdienst, die Allgemeinheit dieser Thatsache nach dem genannten Verzeichniss der alten Novemberphaenomene erkannt und sie in den letzten Jahren dahin ausgesprochen zu haben, dass sich die stärkste Phase dieser Ereignisse periodisch nach je 133 Sonnenjahren, eine Annäherung an das Maximum ihrer Intensität aber auch kurz vor und nach jedem Viertel solcher Zeiträume einstelle[1]). Der in Folge dieser empirischen Regel vorhergesehene Eintritt eines von nahe an γ Leonis ausgehenden, mit denen von 1799 und 1831 bis 1834 gleich intensiven Sternschnuppen-Regens um 1866 Novbr. 13. $13^u,4$ Pariser Zeit, hat seitdem ihre Richtigkeit über jeden

_____

[1]) Die oben erwähnte Erscheinung von 1834 November 13. 13^u bis 14^u Zeit des Ortes, welche ebenso wie die der drei vorhergehenden Jahre zu New Haven von Olmsted beobachtet worden ist, zwingt freilich in so weit zu einer Ergänzung dieses Ausspruches durch Berücksichtigung der jedesmaligen Dauer des Phaenomenes, als sie erst um nahe 24 Stunden nach der normalen Eintrittszeit bemerkt worden ist. Vgl. Annalen der Physik Bd. 110. S. 129.

[1]) Vgl. A. Newton in Silliman American Journal. Vol. XXXVI ff.

Zweifel erhoben und zugleich auch die unabweisbare Folgerung dass der Bahnring der November-Asteroiden nicht gleichförmig besetzt, sondern mit einer vor allen übrigen ausgezeichneten und daher bei ihren Coincidenzen mit der Erde
wieder erkennbaren Stelle versehen ist.

Zu den Geschwindigkeitsmessungen, die wir bisher für
das einzige Mittel zur Bestimmung der Bahn-Elemente der
periodischen Sternschnuppen zu erklären hatten, war daher
nun für den Strom der November-Asteroiden auch die Aussicht
auf direkte Aufschlüsse über die Umlaufszeit seiner Bestandtheile getreten. Die Schärfe einer solchen Bestimmung würde
freilich mit der gleichartigen für die eigentlichen Planeten
nur dann zu vergleichen sein, wenn sich jene ausgezeichneten
Coincidenzen nur je einmal nach jedem Ablaufe des zu bestimmenden Zeitraumes ereigneten. Man wäre nur dann berechtigt die kenntliche Stelle des Asteroidenstromes einem
Punkte gleich zu achten, während wir dieselbe nach der Beobachtung gleich intensiver Phasen des 1799 bemerkten Novemberphaenomenes in den Jahren 1831, 1832, 1833 und 1834,
für ein System von beträchtlicher Ausdehnung und die aus
jenen Erscheinungen folgende Umlaufszeit eines individuellen
Bestandtheiles dieses Systemes für entsprechend arbiträr zu
halten haben. Diesen Umständen gemäfs hat man aber dann
namentlich die mit T bezeichnete Zahl welche die fragliche
Umlaufszeit in siderischen Jahren ausdrücken möge, so zu
wählen dass sowohl 133 als eine nahe an 33 gelegene Zahl
einem ganzen Vielfachen derselben gleich seien oder dass, was
dasselbe sagt, das wesentlich positive T die Beziehung:

$$T = \frac{133}{133 \cdot n \pm 4}$$

erfülle, wenn n die Null oder eine ganze Zahl bedeutet, die
Werthe $n > 2$ aber durch unsere obigen Folgerungen aus
der Lage des Convergenzpunktes der November-Sternschnuppen bereits ausgeschlossen sind.

Es ergeben sich hieraus als an und für sich gleich zu-
lässig die folgenden fünf Annahmen für die Umlaufszeit der

November-Asteroiden neben denen ich einige andere Eigenschaften der durch sie bedingten Bahnen und der Körpersysteme denen diese zukommen, verzeichnet habe.

Hypothese	Umlaufszeit in: sider. Jahr. T	Tagen	Abstand von der Sonne um Mai 12. in Erdbahn-Halbmessern $r_{,}$	$\psi' - \psi_{,}$	Relative	Absolute Geschwindigkeit für November 13,5 in geogr. Meilen
I.	$\frac{493}{1000}$	179,912	0,23846	9° 42′	6,6472	2,6638
II.	$\frac{500}{1000}$	182,746	0,26212	11° 29′	6,7506	2,7329
III.	$\frac{971}{1000}$	354,600	0,90698	31° 24′	8,1442	4,1196
IV.	$\frac{1031}{1000}$	376,584	0,96955	34° 21′	8,2262	4,2014
V.	$1\frac{3}{4}$	12146,1	4,85670	283° 6′	9,7526	5,7101

5

Da der Abstand der Erde von der Sonne um Mai 12.
etwa 1,0109 Erdbahnhalbmesser beträgt, so zeigen die Werthe
der gleichzeitigen Abstände der Asteroiden (r_i) dass dieselben
nach vier der vorstehenden Hypothesen die erwähnten Conjunctionen mit der Sonne bewirken und nur nach einer
(unter V.) ihren aufsteigenden Knoten weit ausserhalb der
Erdbahn erreichen; auch folgt dann leicht, wenn man den in
der Ekliptik gelegenen Durchmesser des Novemberringes, zu
Folge der nahe 24stündigen Verspätungen einzelner Coinci-
denzphaenomene, zu zwei Sonnendurchmessern annimmt, dass
nach der Hypothese I. die Durchgänge aller Sonnenstralen
durch denselben 2,62 Tage, partielle Durchgänge dieser Art
aber 5,86 Tage dauern müssen, während die entsprechenden
Dauern durch die Annahme unter IV. beziehungsweise noch
zu 1,02 und 1,06 Tagen bestimmt werden.

Es ist ferner eine gemeinsame Folge der fünf möglichen
Annahmen über die Umlaufszeit T, dass sich die Zeiträume
von 32 und von 35 Jahren, von einem ganzen Vielfachen des
T beziehungsweise um $\mp \frac{5}{138} T$ und $\pm \frac{7}{133} T$ unterscheiden. Ich habe nun nach den oben angeführten Beziehungen
den Winkel ψ, d. i. den heliocentrischen Winkelabstand vom
Perihel für die nach Verlauf eines vollen T in dem absteigenden Knoten der einzelnen Bahnen gesehenen Körper, aus
diesem aber die mit ψ' und ψ_i bezeichneten gleichzeitigen
Werthe der wahren Anomalie für diejenigen Körper berechnet, deren Durchgangszeit durch die Ekliptik sich um die genannten Zeitintervalle von jenen Epochen der normalen Coincidenzen unterscheidet. Die vorstehenden Werthe von $\psi' - \psi_i$
bezeichnen daher für die einzelnen Umlaufszeiten denjenigen
heliocentrischen Bogen des Bahnringes, dem man eine
gleichförmige Besetzung mit Asteroiden beizulegen
hat, um dem von 1831 bis 1834 beobachteten Vorkommen
gleicher Phasen des Novemberphaenomenes zu genügen. Die
in der Bahnebene und in der Ekliptik gelegenen Aus-
dehnungen des betreffenden Körpersystemes über-
spannen demnach an der Sonne zwei Bogen die sich zu einander

nahe wie 10 : 1 nach der ersten und dagegen wie 283 : 1
nach der fünften Annahme verhalten und die Verhältnisse der
entsprechenden linearen Dimensionen ergeben sich noch bei
weitem verschiedener, weil die in der Bahnebene gelegene
für die erstere Annahme kürzer, für die letzte aber viel
länger ist als der sie in ihrer Mitte berührende heliocentrische
Kreisbogen von gleicher Amplitude. — Da man indessen kaum
einen Grund sah um die eine oder andere dieser Verthei-
lungen der betreffenden Asteroiden innerhalb ihres Bahnringes
für wahrscheinlicher zu halten und um demgemäfs dem ihr
entsprechenden Werthe der Umlaufszeit vor den übrigen den
Vorzug zu geben, so schien A. Newton in gleichem Grade
willkürlich zu verfahren, als er kurz nach einander die unter
III. und die unter V. genannten Elemente für allein annehmbar erklärte.

So wie bisher die gesammte Bahnbestimmung innerhalb
der allein vorhandenen Gränzwerthe, so blieb vielmehr auch
jetzt noch die Entscheidung zwischen den fünf gleichberech-
tigten Annahmen, den mehrerwähnten Geschwindigkeitsmessungen überlassen und der Uebereinstimmung ihres Resultates
mit dem einen oder dem anderen unter den besonderen Werthen der relativen und der entsprechenden absoluten Sekundengeschwindigkeit welche ich neben diesen Annahmen
wiederum aufgeführt habe.

Auch Hr. Schiaparelli ist in seinen neuen und epochischen
Arbeiten über die Sternschnuppen [1]) von dieser Ansicht ausgegangen. Er hat aber die Schwierigkeit der direkten Messungen durch die dreiste Voraussetzung zu umgehen gesucht
dass, ganz abgesehen von der anscheinend regellosen oder
sporadischen Vertheilung der meisten Sternschnuppen und von
der systematischen Anordnung der periodischen, deren abso-

---

[1]) Bulletino meteorologico dell osservatorio del Collegio Romano Vol. II.
und daselbst Vol. V. Nr. 8—12. Lettere di G. V. Schiaparelli al
P. A. Secchi, intorno al corso ed all' origine probabile delle stelle
meteoriche.

lute Geschwindigkeiten einander nahe gleich seien und sich
daher von ihrem arithmetischen Mittel nur mäfsig unterscheiden. Zwischen eben diesem mittleren Werthe und
zwischen den Wechseln welche die Frequenz aller sichtbaren Sternschnuppen je nach der Lage des Ortes und nach
der Zeit zu der man sie wahrnimmt erleiden muss, bestände
aber sodann eine Beziehung welche der Italienische Astronom
zuerst entwickelt und zu benutzen versucht hat.

Da man unter der Voraussetzung gleicher Geschwindigkeit, unveränderlicher Häufigkeit und durchaus willkürlicher
Richtungen, die wahren Bahnen aller Sternschnuppen während eines gegebenen Zeit-Elementes von einer um die Erde
beschriebenen Kugelfläche und in gleicher Zahl von jedem
Punkte derselben gegen deren Mittelpunkt ausgehend annehmen darf, so folgt dass ihre scheinbaren Bahnen sich dann
sämmtlich in demjenigen Halbmesser dieser Kugel durchschneiden, der dem oben mit C_i bezeichneten Richtungspunkt der Bewegung des Auges und daher auch, bis auf
zu Vernachlässigendes, dem Richtungspunkte C der Bahnbewegung der Erde diametral entgegen steht, so wie auch
in einem Abstande von dem Mittelpunkte ihrer kugelförmigen
Ursprungsfläche der sich zu deren Radius ebenso verhält wie
die, der Bahn-Geschwindigkeit der Erde (V.) gleichzusetzende,
Geschwindigkeit des Auges, zu der absoluten Geschwindigkeit
der Sternschnuppen (v). Wenn daher das Auge des Beobachters in diesem Durchschnitt der scheinbaren Bahnen angenommen und durch eben diesen Punkt die Horizontalebene,
je nach der Polhöhe und der Zeit des Beobachtungsortes
gelegt wird, so wird die Anzahl der eben sichtbaren Sternschnuppen dem Areal des excentrischen Schnittes ihrer kugelförmigen Ursprungsfläche proportional der sich über dieser
Horizontalebene befindet. Der Werth:

$$\left(1 + \frac{V}{v} . \cos z\right) dt$$

entspricht dieser Angabe, in sofern $v \lessgtr V$ ist, während jedes
Zeitelementes dt in welchem z die Zenitdistanz des Punktes C

bedeutet, und muss sich daher mit der Anzahl aller unter diesen Umständen wahrgenommenen Sternschnuppen in demselben Mafse proportional zeigen, in dem sich die seiner Ableitung zu Grunde liegenden Voraussetzungen bewähren. Für $v < V$ sind die Werthe des genannten Differentiales die sich gröfser als $2dt$ ergeben, durch $2dt$ und die negativen Werthe desselben durch Null zu ersetzen. Da nun die Länge des in der Ekliptik gelegenen Punktes C stets sehr nahe um $90°$ kleiner ist als die Sonnenlänge, so folgt zunächst dass überall und, bis auf Unterschiede von ± 19 Zeitminuten, auch zu jeder Jahreszeit, um 18^u und 6^a wahre Zeit .des Ortes, respektive mit der oberen und mit der unteren Culmination dieses Punktes, ein Maximum und ein Minimum der Frequenz der sichtbaren Sternschnuppen eintreten müssen: in merkwürdiger Uebereinstimmung mit den Angaben von Coulvier-Gravier [1]), nach denen sich, im Durchschnitt aus mehrjährigen Zählungen, bei Paris

zwischen $17^u{,}5$ und $18^a{,}5$ etwa 13,35

und

-   $5^u{,}5$ - $6^u{,}5$ - 6,85

Sternschnuppen gezeigt haben.

Schiaparelli hat darauf, nach Ersatz von $\cos z$ durch die ihm gleichwerthige Function des Stundenwinkels der Sonne (ϑ), und der Sonnenlänge (λ), so wie von dt nach einander durch $d\vartheta$ und $d\lambda$, die Summen ausgedrückt die aus dem vorstehenden Differentiale, für die Zahl der sichtbaren Sternschnuppen während verschiedener Perioden folgen, für welche wirkliche Abzählungen vorliegen. Der Werth (H) den diese Zahl im jährlichen Durchschnitt für eine gleichmäfsig um den Eintritt des Stundenwinkel ϑ vertheilte, Stunde annimmt, findet sich demnach bis auf zu Vernachlässigendes dem Ausdruck:

---

[1]) Coulvier-Gravier Recherches sur les météores. Paris 1859.

I.

$$H = K \left\{ 1 - \frac{V}{v} (1 - \tfrac{1}{4} . \sin^2 \varepsilon) \cos\varphi . \sin\vartheta \right\}$$

$$= K \left\{ 1 - 0{,}9604 \ \frac{V}{v} \cos\varphi . \sin\vartheta \right\}$$

entsprechend, in welchem ε die Schiefe der Ekliptik, φ die Polhöhe des Ortes an dem die Zählung geschehen ist und K das für alle ϑ genommene, von der Polhöhe unabhängige Mittel aus den Zahlen der während einer Stunde erscheinenden Sternschnuppen bedeuten, und es folgt ferner für den Quotienten (R) aus der Summe der im Sommerhalbjahre (von $\lambda = 0$ bis $\lambda = 180^\circ$) sichtbaren Sternschnuppen, durch die Summe der im Winterhalbjahr (von $\lambda = 180^\circ$ bis $\lambda = 360^\circ$) erscheinenden:

II.
$$R = \frac{1 + \dfrac{2 . \sin \varepsilon}{\pi} . \dfrac{V}{v} . \sin\varphi}{1 - \dfrac{2 . \sin \varepsilon}{\pi} . \dfrac{V}{v} . \sin\varphi} = \frac{1 + 0{,}2533 . \dfrac{V}{v} . \sin\varphi}{1 - 0{,}2533 . \dfrac{V}{v} . \sin\varphi}$$

Auch diese Ausdrücke gelten streng genommen nur für $v \gtrless V$.

Für $\dfrac{V}{v} = x$ und $x > 1$ wird der unter II. zu:

$$R = \frac{1 + x . f(x)}{1 - x . f(x)}.$$

Für die durch $f(x)$ bezeichnete Function der gesuchten Gröfse gilt aber dann namentlich:

$$f(x) < \frac{2 . \sin \varepsilon}{\pi} . \sin\varphi,$$

so dass durch Anwendung des Ausdrucks II. auf dergleichen Fälle, $\dfrac{v}{V}$ oder $\dfrac{1}{x}$ zwar mit Recht stets kleiner als die Einheit, aber doch noch gröfser als sein wahrer Werth gefunden wird.

Die Vergleichung des Ausdrucks für H mit 14 Werthen desselben die aus den genannten Zählungen von Coulvier-Gravier für $\varphi = 48^\circ \ 50'$ und ϑ von $82^\circ,5$ bis $277^\circ,5$ folgen, ergiebt nun

$$K = 10,65$$
und
$$v = 1,447 . V$$

sowie auch die wahrscheinlichen Fehler dieser Bestimmungen respektive zu nur: $\pm$ 0,028 und $\pm$ 0,116. *V*. Der mittlere **Werth der absoluten Geschwindigkeit der Stern-schnuppen** (v) schiene also nur noch geringen Zweifeln unterworfen, wenn er sich nicht andererseits mit den meisten Angaben über den Werth von *R* im stärksten Widerspruch gezeigt hätte. Es folgt dies zunächst aus denselben Beobachtungen denen wir die anscheinende Bestimmung verdanken, denn während mit

$$v = 1,447 . V$$

nach dem Ausdruck II. für die Breite von Paris:
$$R = 1,304$$

sein sollte, geben die Aufzeichnungen von Coulvier-Gravier für dieselbe Breite das Verhältniss der halbjährigen Sternschnuppen-Frequenz grade doppelt so stark, d. h.
$$R = 2,61. -$$

Es ist aber auch ferner der mit dem zu prüfenden Resultate berechnete Werth:

$$R = 1,310 \quad \text{für } 50^\circ \text{ Breite}$$

ganz unvereinbar mit den Angaben, dass, nahe genug für Orte dieses Parallelkreises, sich durch Abzählungen ergeben habe:
nach Schmidt für Sternschnuppen überhaupt $R = 5,71$
- Herschel und Greg desgleichen . . . $R = 1,68$
- Greg für ausgezeichnete Sternschn.-fälle $R = 3,45$
- Quetelet für dergleichen. . . . . . $R = 2,54$
- Biot für Sternschnuppen überhaupt aus
   Chinesischen Schriften . . . . . $R = 2,20$
zusammen also durch sechs wirkliche Zählungen etwa
$$R = 3,03 \text{ bei } \varphi = 49^\circ,8$$
woraus dann nicht blofs aufs entschiedenste:
$$v < V$$

sondern auch noch näher:
$$v < 0{,}384 \cdot V$$
folgen würde.

Ein entgegengesetztes Resultat und somit ein übereinstimmendes mit dem aus den stündlichen Abzählungen der Sternschnuppen folgenden, hat sich bis jetzt nur aus vier noch übrigen Bestimmungen des Verhältnisses der halbjährigen Frequenz ergeben, welche sich aber sämmtlich auf Meteorsteinfälle beziehen, deren ausnahmsweisem Vorkommen doch wohl kaum eine gleiche Vertheilung mit dem der Sternschnuppen im Allgemeinen, zugeschrieben werden darf. Es folgt aus diesen
$$R = 1{,}30$$
und somit etwa:
$$v = 1{,}48 \cdot V.$$

Der scharfsinnige Urheber dieser Untersuchungen ist indessen durch die extremen Widersprüche zwischen ihren dermaligen Ergebnissen nicht abgehalten worden sich für eines derselben zu erklären, die Beseitigung der übrigen aber von sorgfältigeren Wiederholungen der zu dem Werthe von R führenden Zählungen zu erwarten. Aus dem Obigen:
$$v = 1{,}447 \cdot V$$
und dem für die mittlere Sekunden-Geschwindigkeit der Erde in geographischen Meilen gültigen
$$V = 4{,}1146$$
folgt nämlich
$$v = 5{,}954$$
für die Anzahl von geogr. Meilen die durchschnittlich in einer Sekunde von den sichtbaren und daher der Erde sehr nahen Sternschnuppen zurückgelegt werden. Eben dieser Werth ist aber in den in Rede stehenden Abhandlungen als erwiesen betrachtet und darauf der anfänglichen Voraussetzung gemäfs auch der absoluten Geschwindigkeit der August- und November-Asteroiden bei ihren Durchgängen durch die Erdbahn gleichgesetzt worden. Er übertrifft die absoluten Geschwindigkeiten von:

$$5,8474 \text{ geogr. Meilen}$$

und $5,8516$ -   -

in der Sekunde, durch deren Eintritt die respektiven Bahnen
der einen und der anderen parabolisch oder in die Klasse
der ungeschlossenen versetzt werden, und seine Annahme war
daher gleichbedeutend mit der Behauptung dass die Bestandtheile der beiden Asteroidenströme sich in Hyper-
beln bewegen. Ein jährliches Wiedererscheinen derselben
liefs sich auch so noch, einer hinlänglich gleichförmigen Besetzung des von der Ekliptik durchschnittenen Curvenzweiges
zuschreiben, auf dem dann die Erde seit Jahrtausenden stets
neuen Körpern begegnet wäre, die sich aus unermesslicher
Ferne gegen ihr Perihel bewegt, nach Erreichung desselben
aber, wiederum ohne Aufhören und ohne Aussicht auf jema-
lige Rückkehr, von der Sonne entfernt hätten.

Für den Auguststrom steht einer solchen Ansicht auch
jetzt noch nichts Unwiderlegliches entgegen, während für die
Novemberasteroiden die erst seitdem nachgewiesenen Unterbrechungen ihres jährlichen Erscheinens, bereits zum Aufge-
ben derselben genöthigt haben. Die nahe 33jährige Dauer
dieser Unterbrechungen und die entsprechende Periodizität der
glänzenden Phaenomene von denen sie gefolgt sind wären mit
der Voraussetzung einer hyperbolischen Bahn in der That nur
durch die fernere Hypothese von Verdichtungen und Auflok-
kerungen vereinbar gewesen, welche das Asteroidensystem
schon bei seinem Ursprunge in eben so viele Abschnitte von
genau gleicher Länge und nahe gleicher Beschaffenheit getheilt
hätten, und wegen der äussersten Unwahrscheinlichkeit eines
solchen Herganges, ist dann auch Herr Schiaparelli im Ver-
folge seiner Arbeit zu der Annahme elliptischer Bahnen
für die betreffenden Körper wiederum zurückgekehrt. Wenn
er aber bei dieser Gelegenheit von den fünf gleich annehmbaren Umlaufszeiten dieser Asteroiden die von 33,25 Jahren
für die wahrscheinlichste erklärt hat, so veranlassten ihn dazu
zunächst die nahe Uebereinstimmung der absoluten Geschwindigkeit von 5,710 geogr. Meilen in der Sekunde welche diese

Umlaufszeit für die November-Sternschnuppen verlangt, mit
der — freilich nur für die Gesammtheit der Sternschnuppen
und nur in dem hier geschilderten Grade wahrscheinlich ge-
wordenen — Durchschnittsgeschwindigkeit von 5,954 geogr.
Meilen in der Sekunde, sodann aber und in überwiegendem
Mafse, genetische Betrachtungen zu denen er zuerst in diesem
astronomischen Probleme eine dringende Aufforderung erkannt hat.

Schon Laplace hat es bekanntlich für kaum zweifelhaft
erklärt, dass in unserem Sonnensysteme die Bewegungen aller
Planeten und ihrer Trabanten durch eine gemeinsame, die
der Cometen aber durch von dieser verschiedene Ursachen
entstanden sind. Die Gründe welche zu dieser Sonderung
aufforderten waren einerseits:

1) die Bahnbewegungen aller Planeten in einerlei Richtung
   und in nahe einerlei Ebene,

2) die Bahnbewegungen der Trabanten in derselben Richtung und in nahe derselben Ebene wie die der Planeten,

3) die Axendrehungen dieser Körper sowohl als der Sonne;
   in der Richtung und auch nahe in der Ebene der Bahnbewegungen der ersteren, und

4) die geringen Excentricitäten der Planeten- und Traban-
   tenbahnen.

Von der anderen Seite aber:

5) die starken Excentricitäten in denen die Cometenbahnen
   unter sich übereinkommen, während sie sich durch bis
   aufs äusserste verschiedenen Neigungen gegen die Ekliptik, sowohl von einander als auch von den Planetenbahnen unterscheiden.

Die Zahl der unter 1) und 2) genannten Uebereinstim-
mungen, die gegen Anfang dieses Jahrhunderts nur 29 betrug,
ist jetzt durch Planetenentdeckungen auf etwa 120 gestiegen
und somit die Wahrscheinlichkeit einer ihnen gemeinsamen Ursache, von der Gewissheit noch ununterscheidbarer
geworden als sie Laplace schon erklärt hatte[1]), während auch

---

[1]) Es ist nämlich das frühere: $w = 1-2^{-29}$ zu $w = 1-2^{-120}$ ge-

die Allgemeinheit des Ausspruches unter 5), durch die Kenntniss einiger Cometen von kurzer Umlaufszeit, nur eine unerhebliche Einschränkung erfahren hat. Die periodischen Asteroiden erscheinen nun aber durch die starken Neigungen ihrer Bahnen gegen die Ekliptik so scharf von der planetarischen Hälfte des Sonnensystemes geschieden und der Kategorie in der die Cometen bis jetzt allein standen zugesellt, dass man zuerst nur die bisher ausreichende Entstehungstheorie an ihnen prüfen, keineswegs aber dieselbe willkürlich durch eine neue ersetzen darf. Wir versuchen hier diese Prüfung mit der kosmogonischen Hypothese von Laplace, die in ihrer physikalischen Begründung wohl dereinst modifizirt, an Einfachheit des ursachlichen Zusammenhanges den sie zwischen den ihr vorliegenden fünf Thatsachen herstellt, aber kaum übertroffen werden dürfte.

Es sei demgemäfs in einem primitiven Zustande, über den die Speculation nicht hinausgeht, die Sonne nicht gröfser als jetzt, mit ihrer gegenwärtigen Axendrehung begabt und von Cometenbahnen umgeben, die — einer absoluten Zufälligkeit ihrer Entstehung gemäfs — durchaus willkürliche Neigungen gegen den Sonnenaequator und so verschiedene Excentricitäten besitzen, dass sie theils vollständig in den Gränzen der jetzigen Planetensphäre liegen, theils diese weit überragen. In einer Weise für die das in wenigen Monaten vollzogene Aufflammen und Verlöschen des Cassiopea-Sternes von 1572 ein Analogon bieten, werde darauf die Atmosphäre der Sonne bis über die jetzigen Planetenbahnen ausgedehnt und durch wiederholte Contractionen in ihre ursprüngliche und jetzige Begränzung zurückgeführt.

Als einleuchtende Folgen dieses Herganges hatte man dann bisher nur in Betracht zu ziehen:

1) die Hemmung der Bewegung und die Vereinigung mit der Sonne für alle Cometen die zur Zeit der gröfsten

---

worden, wenn *w* jene fragliche Wahrscheinlichkeit und 1 die Gewissheit bedeuten.

Ausdehnung des widerstehenden Mittels nicht gerade
aufserhalb desselben lagen — oder, da von uns sichtbar
werdenden Körpern dieser Art nur die in stark excentrischen Bahnen bewegten dieser Bedingung genügen
konnten — das Verschwinden aller übrigen, und
2) die Entstehung der Planeten und ihrer doppelten Bewegungen durch Condensation der rotirenden Stücke welche
die Sonnenatmosphäre in der Ebene ihres Aequators, an
ihren successiven Gränzen zurückliefs und die der Trabanten aus entsprechenden Resten der sich condensiren-
den Planeten.

Als eine dritte Folge erscheint aber jetzt auch Alles was
wir von den periodischen Sternschnuppen wissen, mit denselben Voraussetzungen so einfach verbunden, dass wir zum Verlassen oder zur Erweiterung derselben keinerlei Aufforderung
erkennen. Wir haben auch diese Körper, mit demselben Rechte
wie die Cometen, als primitive Glieder unseres Sonnensystemes
zu betrachten und demnächst ihre rückläufigen Bewegungen oder,
was dasselbe sagt, die über 90° hinausgehenden Neigungen
ihrer Bahnen gegen die Ekliptik, für erwartete Folgen ihrer
Unabhängigkeit von dem Planetensysteme zu erklären. Was
aber ihre Excentricitäten betrifft und, die wegen der Durchschnitte ihrer Bahnen mit der Erdbahn, an diese Excentricitäten gebundenen Umlaufszeiten der Asteroiden, so werden sie
durch diese Vorstellungen kaum begränzt. Man kann in der
That und mit etwa gleichem Rechte annehmen, dass alle Asteroiden, in Folge des weit geringeren Widerstandes den sie im
Vergleich mit den Cometen, in der Sonnenatmosphäre erfuh-
ren, die Eintauchung in dieselbe überdauert und durch dieses
Ereigniss nur etwas verengerte Bahnen angenommen haben,
oder dass dennoch auch von ihnen nur die von stark excentrischen Bahnen der Resorption in den Centralkörper entgan-
gen seien. Die kürzesten Umlaufszeiten der periodischen
Sternschnuppen erschienen im ersteren Falle ganz ebenso wahrscheinlich wie die von vieljähriger oder von unbegränzter Dauer,
während in dem anderen Falle nur die letzteren annehmbar blieben.

Der Mailänder Astronom hat sich für diese zweite Ansicht entschieden, die Möglichkeit der ersteren aber weder erwähnt noch widerlegt und man kann daher nicht ohne die vorstehenden Voraussetzungen zu verwerfen, den Ausgangspunkt seiner Schlüsse für erwiesen erklären. Anstatt die nicht-planetarischen Körper als primitive Begleiter der Sonne und die ursprünglichen Elemente ihrer Bahnen als willkürlich zu betrachten, lässt Herr Schiaparelli alle Cometen und Asteroiden erst nach der Bildung der Planeten, aus dem Bereiche der entfernteren Fixsterne in die Attractionssphäre der Sonne gelangen. Er betrachtet demnächst ein wolkenartiges System von zahllosen Meteorsteinen, welches, so wie alle Fixsterne und wie unsere Sonne, eine progressive Bewegung besäfse und in Folge derselben sich der letzteren bis zum Fühlbarwerden ihrer Anziehung genähert hätte. Die Kegelschnitte welche die Bestandtheile dieses Systemes alsdann um die Sonne zu beschreiben anfingen, würden von der Richtung und der Gröfse ihrer relativen Bewegung gegen diesen Centralkörper abhängig; da aber eine jede dieser Curven den fast unendlich entfernten Ausgangspunkt des Bewegten in sich aufnähme, so wären auch ihre grofsen Axen und die zugehörigen Umlaufszeiten sämmtlich von nahe unendlicher Gröfse, die Excentricitäten aber sehr stark für alle diejenigen welche, wie die Bahnen der periodischen Sternschnuppen, die Erdbahn durchschnitten. Es ergiebt sich dann ferner dass dergleichen Körper die, bei Gleichheit der Gröfse und Richtung ihrer ursprünglichen Bewegung, ihre neuen Bahnen sehr weit von einander begonnen hätten, ihr Perihel an einander nahe gelegenen Punkten erreichten und dass daher aus jenen hypothetischen Wolken von ungeheurer Ausdehnung so schmale und gedrängte Ströme wie die Sternschnuppenphaenomene nachweisen, entspringen können. — Durch diese wichtigen Untersuchungen scheint also freilich die Entstehung von hyperbolischen Asteroidenströmen dem Verständniss näher gerückt, die ausschliefsliche Existenz derselben aber keineswegs erwiesen. Die thatsächliche Ausnahme von derselben welche die Novemberkörper bereits festgestellt haben, müsste im ersteren Falle einer späteren Umgestaltung ihrer ursprünglichen Bahn durch Perturbationen die sie von einem der gröfseren Planeten erlitten hätten, zugeschrieben werden, während wir sie von dem allgemeinen Standpunkte aus, nur für eine von vielen gleich wahrscheinlichen Möglichkeiten erklären. Ich darf aber schliefslich nicht unerwähnt lassen dass ein genetischer Zusammenhang zwischen den Sternschnuppen und den eigentlichen Cometen, den Schiaparelli in Folge seiner mehrgenannten Untersuchungen für wahrscheinlich erklärt hat, sich schon jetzt in bemerkenswerthester Weise zu bestätigen scheint.

Einer Gleichsetzung beider Arten von Körpern stehen zwar immer noch die gewichtigsten Gründe entgegen, von denen hier nur noch einmal an das Selbstleuchten gewisser Theile der Cometen, im Gegensatz zu der so ausschliefslich in der. Nähe der Erde erfolgenden Lichtentwickelung durch die Sternschnuppen, so wie an die repulsiven oder polarischen Kräfte erinnert werden möge, welche die Sonne auf die Cometen ausübt. Es ist aber um so überraschender dass sich unter den genau bekannten Cometenbahnen zwei gefunden haben, welche die Erdbahn höchst nahe an denselben Stellen und in nahe gleicher Richtung wie die beiden hier betrachteten Asteroidenströme durchschneiden; ja es scheint sogar als ob ähnliche Durchgangsstellen von Cometen durch die Erdbahn, die bisher sehr zweifelhafte Behauptung bestätigten dass wir, sowie um August 10. und November 13., auch an einigen anderen Jahrestagen mit geregelteren Asteroidenzügen zusammentreffen. — Die nächsten Jahre werden aber jedenfalls zeigen wie, von den bescheidensten Anfängen, die hier geschilderten Untersuchungen zu äusserst wichtigen Folgerungen gelangt sind.

Druck von Georg Reimer in Berlin.

www.ingramcontent.com/pod-product-compliance
Lightning Source LLC
Chambersburg PA
CBHW021959190326
41519CB00010B/1325